高等职业教育计算机类专业系列教材

Office 2016 高级办公应用

雷 英 徐利谋 主编

电子工业出版社

Publishing House of Electronics Industry

北京·BEIJING

内 容 简 介

本书根据作者多年的实践和教学经验，以真实案例为引导，采用"任务描述—设计思路—涉及知识点—任务实现—拓展训练"的结构，由易到难，系统地介绍 Office 2016 常用软件及办公设备的相关知识和应用方法。

本书分为 4 个部分，共 16 个任务。第 1 部分为 Word 2016 办公应用，主要讲解 Word 2016 基本操作、邮件合并、表格和图形及长文档排版的应用；第 2 部分为 Excel 2016 办公应用，主要讲解 Excel 2016 基本操作、数据处理和分析、图表、公式和函数的应用等操作；第 3 部分为 PowerPoint 2016 办公应用，主要讲解 PowerPoint 2016 基本操作、图形与图表的应用、动画和幻灯片的切换、多媒体的应用及幻灯片的放映等操作；第 4 部分为常用办公设备的使用，主要讲解打印机、复印机、扫描仪及无线路由器等设备的设置和使用。

本书不仅适合计算机初中级用户学习使用，而且还可作为各类院校相关专业师生和计算机培训班学员的教材及辅导用书。

图书在版编目（CIP）数据

Office 2016 高级办公应用 / 雷英，徐利谋主编. —北京：电子工业出版社，2020.3
ISBN 978-7-121-37286-5

Ⅰ.①O… Ⅱ.①雷… ②徐… Ⅲ.①办公自动化—应用软件 Ⅳ.①TP317.1

中国版本图书馆CIP数据核字（2019）第179375号

责任编辑：李 静　　文字编辑：张 慧
印　　刷：北京虎彩文化传播有限公司
装　　订：北京虎彩文化传播有限公司
出版发行：电子工业出版社
　　　　　北京市海淀区万寿路173信箱　邮编　100036
开　　本：787×1092　1/16　印张：16.5　字数：422.4千字
版　　次：2020年3月第1版
印　　次：2022年8月第4次印刷
定　　价：49.50元

凡所购买电子工业出版社图书有缺损问题，请向购买书店调换。若书店售缺，请与本社发行部联系，联系及邮购电话：（010）88254888，88258888。

质量投诉请发邮件至 zlts@phei.com.cn，盗版侵权举报请发邮件至 dbqq@phei.com.cn。

本书咨询联系方式：（010）88254604 或 lijing@phei.com.cn。

前　言

　　Office 软件和常用办公设备是企业员工日常办公中不可缺少的工具，主要包括 Word、Excel、PowerPoint 等组件，以及打印机、复印机等常用设备，被广泛地用于行政、财务、人事、统计、金融、数据分析、资料处理等办公领域。本书从实用角度出发，模拟真实办公环境，结合实际案例，详尽介绍 Office 2016 及办公设备的操作步骤和使用技巧，旨在帮助读者全面、系统地掌握 Office 软件和常用办公设备在办公中的应用方法。

　　本书分为 4 个部分，共 16 个任务，以真实案例为引导，采用"任务描述—设计思路—涉及知识点—任务实现—拓展训练"的结构，由易到难，系统地介绍了 Office 2016 及办公设备的相关知识和应用方法。第 1 部分为 Word 2016 办公应用，主要讲解 Word 2016 基本操作、邮件合并、表格和图形及长文档排版的应用等操作；第 2 部分为 Excel 2016 办公应用，主要讲解 Excel 2016 基本操作、数据处理和分析、图表及公式和函数的应用等操作；第 3 部分为 PowerPoint 2016 办公应用，主要讲解 PowerPoint 2016 基本操作、图形和图表的应用、动画和幻灯片的切换、多媒体的应用及幻灯片的放映等操作；第 4 部分为常用办公设备的使用，主要讲解打印机、复印机、扫描仪及无线路由器等设备的设置和使用。本书将知识点贯穿于真实工作任务中，实操性强，可以帮助读者解决在工作中遇到的问题。本书附赠任务素材、结果文件及拓展练习的素材，读者可在华信教育资源网免费注册后下载（www.hxedu.com.cn）。读者可以根据任务素材结合操作讲解进行实操训练。本书不仅适合计算机初中级用户学习使用，也可作为各类院校相关专业师生和计算机培训班学员的教材及辅导用书。

　　本书的第 1 部分 Word 2016 办公应用和第 2 部分 Excel 2016 办公应用由雷英编写，第 3 部分 PowerPoint 2016 办公应用和第 4 部分常用办公设备的使用由徐利谋编写。在编写过程中，编者竭尽所能地为读者呈现最准确、最全面的使用说明，但仍难免存在不足或错漏之处，敬请广大读者不吝指正。

目　录

第1部分　Word 2016办公应用

第2部分　Excel 2016办公应用

第3部分　PowerPoint 2016办公应用

目录

第4部分　常用办公设备的使用

参考文献

第1部分

Word 2016 办公应用

    Office 2016 是微软公司 2015 年发布的一个办公软件集合，其中包括了 Word、Excel、PowerPoint、OneNote、Outlook、Skype、Project、Visio 及 Publisher 等组件和服务。利用 Office 2016 全新的外观和内置的协作工具，可以更加快捷地创建和整理文件，从而有效地达到节省时间的目的。

    Word 2016 是 Office 2016 办公软件中一款功能强大的文字处理软件，它可以实现中英文文字的录入、编辑、排版和图文混排，可以绘制各种表格，导入工作图表、幻灯片、自带或网络图片，插入视频等，还可直接打开并编辑 PDF 文件，保存成 PDF 文件，是办公中文档资料处理的首选软件。

任务1　Word 2016基本操作
——制作会议通知

▲ 任务描述

在企业召开内部会议时，需要预先发送相关的会议通知。在制作正式的会议通知时，一定要明确会议的重要要素，了解会议的主题，以明确会议通知的重点。

1. 内容要求

（1）通常，会议通知应该包括会议时间、开会地点、参会人员、开会主题等内容，会议通知要简洁明了、重点突出。

（2）较大型会议的通知内容还会包括会议的议程安排，甚至会细化到每个时间段的会议主题，使参会人员可以提前做好安排和准备。

（3）有些会议通知还有会议要求，并逐条体现。

（4）会议通知的内容要真实，告知的内容要明确。

2. 格式要求

（1）标题：正文标题居中，要有"某某会议通知"等主题。

（2）称呼：在第二行顶格注明被通知者的姓名、职称或单位名称。

（3）正文：另起一行，空两格写正文。正文要写明开会的时间、地点，参加会议的对象，以及会议内容及会议要求。

（4）落款：分两行写在正文右下方，一行署名，另一行写日期，并加盖单位公章。

▲ 设计思路

制作会议通知可以按照以下的思路进行。

（1）新建 Word 文档。

（2）输入会议通知的内容并进行编辑。

（3）设置文本格式。

（4）设置段落格式。

（5）设置项目符号和编号。

（6）制作会议回执。

（7）保存会议通知。

（8）打印会议通知。

◢ 涉及知识点

本任务主要涉及以下知识点。

（1）创建文档。

（2）输入文本并编辑文本。

（3）设置字体格式。

（4）设置段落间距格式。

（5）添加项目符号和编号。

（6）插入表格。

（7）保存文档。

（8）打印文档。

◢ 任务实现

1.1 ▶ 新建 Word 文档

在制作暑期教师集训会通知时，首先要打开 Word 2016，建立一个新文档，具体操作如下。

第 1 步　单击计算机屏幕左下角的【开始】按钮，选择【所有程序】，在弹出的程序清单中选择【Word 2016】选项，如图 1-1 所示。

第 2 步　单击【Word 2016】选项，创建一个名称为"文档 1"的空白文档，如图 1-2 所示。

图 1-1　选择【Word 2016】选项　　　　　图 1-2　创建空白文档

第 3 步　单击【布局】选项卡中【页面设置】选项组右下角的按钮，弹出【页面设置】对话框，选择该对话框中的【页边距】选项卡，设置页边距上下分别为 2.54 厘米，左右分别为 2 厘米，如图 1-3 所示。

第 4 步　选择【文件】选项卡，在弹出的菜单列表中选择【保存】选项，在弹出的【另存为】对话框中选择保存位置，在【文件名】文本框中输入文档名称"关于举办 XX 杯大赛暑期教师集训会的通知"，单击【保存】按钮完成创建文档的操作，如图 1-4 所示。

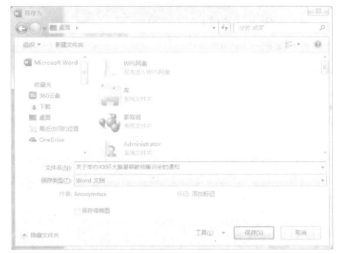

图 1-3　页面设置　　　　　　　　　　　　　　图 1-4　保存文档

1.2　输入通知内容

保存暑期教师集训会通知的文档后，即可在文档中输入文本内容。

1.2.1　输入中文文本和标点符号

打开 Windows 系统时一般默认的输入法是英语，任务栏中显示的是英文输入法图标 EN，如果不进行中 / 英文切换，那么在文档中输入的文本就是英文。如果要进行中文输入，则须按【Ctrl+Shift】组合键进行切换，具体操作步骤如下。

第 1 步　单击任务栏上输入法图标，切换为中文输入法，输入中文内容"关于举办 XX 杯大赛暑期教师集训会的通知各参赛院校"。

第 2 步　在输入过程中，当文字内容到达一行的最右端时，文本会自动跳转到下一行。如果在未输入完时想换行，则可按【Enter】键结束一行，同时产生一个换行标记 ↵ ，可接着再输入其他内容，如图 1-5 所示。

第 3 步　将光标定位在第二行的文末，按键盘上的【Shift+；】组合键，则可在文中输入一个中文的冒号，如图 1-6 所示。

关于举办 XX 杯大赛暑期教师集训会的通知↵
各参赛院校↵

关于举办 XX 杯大赛暑期教师集训会的通知↵
各参赛院校：↵

图 1-5　段落标记符号　　　　　　　　　　　　图 1-6　输入冒号

第 4 步　输入其他正文内容，如图 1-7 所示。

XX杯全国软件和信息技术专业人才大赛组委会
XX杯组委会字〔2019〕20号
关于举办XX杯大赛暑期教师集训会的通知
各参赛院校：
软件行业属于智能密集型产业，其发展的核心是人才，人才的主要来源是高校。在我国软件产业迅速发展的同时，软件专业人才缺乏已经成为制约产业发展的重要因素。为了搭建软件和信息技术行业人才选拔平台、建立行业人才选拔标准，为行业培养和选拔精英人才，工业和信息化部人才交流中心特举办XX杯全国软件和信息技术专业人才大赛，大赛至今已连续成功举办了9届。本届离XX杯大赛刚刚落下帷幕，来自全国31个省市自治区1200余所高校的五万余名选手和四百余支软件创业团队参加了本届比赛。
为了让各参赛院校更好地准备第十届XX杯大赛，提高院校专业建设和课程教学改革，大赛组委会特举办XX杯大赛暑期教师集训会。集训会将于7月24日到7月29日在宁波举行，其中7月24日全天报到。会议详情请参阅会议附件，望各高校积极报名参加。
附件：
会议主题：
大赛专家指导培训；
大赛优秀院校人才培养及大赛辅导经验交流；
知名企业介绍人工智能现状、应用前景以及人才培养需求；
高校软件工程专业建设和课程建设。
会议的时间和地点：
时间：培训时间为7月24日到7月29日，其中7月24日全天报到。
地点：宁波·宁波大酒店。
XX杯大赛组委会。
2018年7月3日。

图1-7　输入正文内容

1.2.2　输入英文文本和标点符号

在进行文档编辑时，如果需要输入英文和英文标点符号，则可按【Shift】键在中文输入法和英文输入法之间进行切换。具体操作方法如下。

例如，按【Shift】键从中文输入法切换至英文输入法，在文档中输入英文文本，如图1-8所示。英文标点也同样要切换到英文输入法才可输入。

Happy New Year!

图1-8　输入英文文本

1.2.3　输入时间和日期

一般在文字内容输入完成后，要在末尾处创建文档的时间和日期，具体操作步骤如下。

第1步　将光标定位在文档末端的合适位置，单击【插入】选项卡下的【文本】选项组中【日期和时间】按钮。

第2步　在弹出的【日期和时间】对话框中，单击【语言（国际/地区）】下拉按钮，在弹出的下拉列表中选择【中文（中国）】选项，在【可用格式】列表框中选择一种格式，单击【确定】按钮即可插入当前的日期或时间，如图1-9所示。

图1-9　【日期和时间】对话框

1.3 ▶ 文档编辑

在 Word 文档中，最基本的文档编辑包括选择文本、删除文本、移动文本和复制文本。

1.3.1 选择文本

对文本进行各种操作时，必须首先选择文本。选择文本主要有两种方法，用鼠标选择文本和用键盘选择文本。

方法 1：将光标移动到要选择的文本的第一个字符前，按住鼠标左键，一直拖曳到要选择的文本的最后一个字符，释放左键，这时被选择的区域呈灰色显示。对于某些特殊情况，可以使用表 1.1 中的方法进行操作。

表 1.1 使用鼠标选择文本的操作方法

选择内容	操作方法
任意数量的文字	拖曳光标选择这些文字
一个单词	双击该单词
一行文字	单击该行最左侧页边
多行文字	选择首行后向上或向下拖曳鼠标
一个段落	双击该段最左侧页边，或三击该段的任何地方
多个段落	选择首段后向上或向下拖曳鼠标
连续区域文字	选择内容的开始处，然后按住【Shift】键后单击所选内容的结束处
整片文档	三击最左侧页边中的任意位置或按住【Ctrl】键后单击最左侧页边的任意位置

方法 2：使用键盘选择文本时，应首先将光标移动到所选文本的开始处，然后再按照表 1.2 中所示的组合键进行操作。

表 1.2 使用键盘选择文本的操作方法

选择内容	组合键
选择光标右侧的一个字符或一个汉字	【Shift + →】
选择光标左侧的一个字符或一个汉字	【Shift + ←】
选择到上一行同一位置之间的所有字符或汉字	【Shift + ↑】
选择到下一行同一位置之间的所有字符或汉字	【Shift + ↓】
从光标开始到它所在行的开头	【Shift + Home】
从光标开始到它所在行的末尾	【Shift + End】
从光标开始到它所在段的开头	【Ctrl+ Shift +↑】
从光标开始到它所在段的末尾	【Ctrl+ Shift +↓】
从光标开始到文档末尾	【Ctrl+ Shift + End】
选择整篇文档	【Ctrl + A】

1.3.2 删除文本

首先选择要删除的文本，然后按【Delete】或【Backspace】键即可删除；或者把光标定位到要删除的文本之后，通过按【Backspace】键进行删除。

1.3.3 移动文本

移动文本是指将选择的文本从某一位置移动到另外的位置，原位置不再保留原有的文本。移动文本可使用剪贴板和拖曳鼠标等方法来实现。具体步骤如下。

第 1 步　选择要移动的文本，单击【开始】选项卡下的【剪贴板】选项组中的【剪切】按钮 ✂ 剪切，如图 1-10 所示。

第 2 步　剪切选择的文字，剪切后的效果如图 1-11 所示。

第 3 步　将光标定位到文本中的新位置，单击【开始】选项卡下的【剪贴板】选项组中的【粘贴】按钮，或者单击鼠标右键，在弹出的快捷菜单中单击【粘贴选项】下的【保留源格式】按钮，完成文本的移动，如图 1-12 所示。

图 1-10　剪切文本

图 1-11　剪切选择的文字后的效果

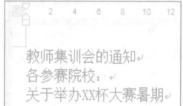

图 1-12　完成文本的移动

1.3.4 复制文本

复制文本是指将特定的文本从某一位置复制到另外的位置，而原位置上仍然保留原来的文本。复制文本有使用剪贴板复制和拖曳鼠标复制两种方法，复制文本的操作与移动文本的操作类似。具体操作步骤如下。

第 1 步　选择要移动的文本，然后单击【开始】选项卡下【剪贴板】选项组中的【复制】按钮，或者单击鼠标右键，在弹出的快捷菜单中选择【复制】选项，如图 1-13 所示。

第 2 步　将光标定位到文本的新位置，最后在【开始】选项卡下【剪贴板】选项组中单击【粘贴】按钮，或者单击鼠标右键在弹出的快捷菜单中单击【粘贴选项】下的【保留源格式】按钮，完成文本的复制，如图 1-14 所示。

图 1-13　使用【复制】选项

图 1-14　复制文本

1.4　设置文本格式

设置字符格式主要是指设置文字的字体、字形、字号、颜色、下画线、上标、下标及文字效果等。输入完所有文字内容后，就可以开始进行字符格式的设置，从而使文档看起来层次分明、结构工整。

第 1 步　设置红色表头。选择【开始】选项卡下【字体】选项组，设置标题文字【字体】为【黑体】,【字号】为【二号】，字体【颜色】为【红色】，设置后的效果如图 1-15 所示。

> XX杯全国软件和信息技术专业人才大赛组委会

图 1-15　设置红色表头

第 2 步　插入直线。单击【插入】选项卡下【插图】选项组中【形状】下拉列表中的【直线】，如图 1-16 所示。

第 3 步　插入直线后，在插入的直线上单击鼠标右键，在弹出的快捷菜单中选择【设置形状格式】选项，设置【线条】为【实线】,【颜色】为【红色】,【宽度】为【0.75磅】，如图 1-17 所示。

图 1-16　插入直线

图 1-17　设置线条格式

第 4 步　设置后的表头效果如图 1-18 所示。

> XX杯全国软件和信息技术专业人才大赛组委会

图 1-18　设置后的表头

第 5 步　为"XX 杯组委会字〔2019〕20 号"设置【字体】为【黑体】，字号为【小四】，效果如图 1-19 所示。

XX杯全国软件和信息技术专业人才大赛组委会

XX杯组委会字〔2019〕20号

图 1-19　设置文字格式

第 6 步　设置标题文字的【字体】为【仿宋】，字号为【三号】，字体效果为【加粗】，效果如图 1-20 所示。

关于举办XX杯大赛暑期教师集训会的通知

图 1-20　设置标题字体格式

第 7 步　设置正文格式，设置【字体】为【仿宋】，【字号】为【四号】，【颜色】为【黑色】，效果如图 1-21 所示。

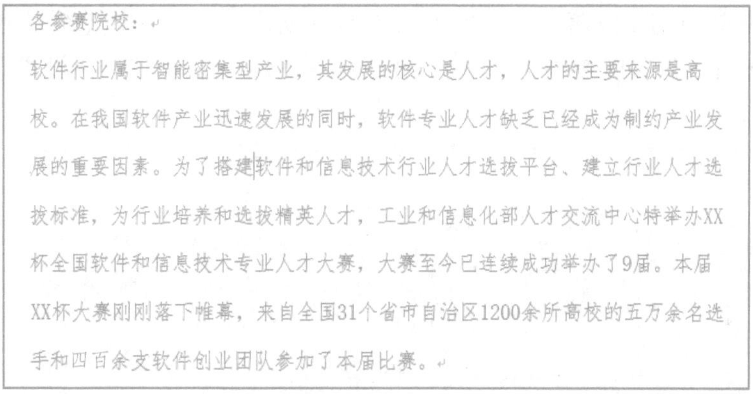

各参赛院校：

软件行业属于智能密集型产业，其发展的核心是人才，人才的主要来源是高校。在我国软件产业迅速发展的同时，软件专业人才缺乏已经成为制约产业发展的重要因素。为了搭建软件和信息技术行业人才选拔平台、建立行业人才选拔标准，为行业培养和选拔精英人才，工业和信息化部人才交流中心特举办XX杯全国软件和信息技术专业人才大赛，大赛至今已连续成功举办了9届。本届XX杯大赛刚刚落下帷幕，来自全国31个省市自治区1200余所高校的五万余名选手和四百余支软件创业团队参加了本届比赛。

图 1-21　设置正文格式

1.5 ▶ 设置段落格式

在 Word 中，段落作为排版的基本单位，每个段落都可以设置自己的格式。段落格式主要是指设置段落的对齐方式、段落缩进、段落间距及行间距等。

1.5.1　设置对齐方式

第 1 步　分别选择表头文字、标题文字，单击【开始】选项卡下【段落】选项组中的【居中对齐】按钮，选择"XX 杯组委会字［2019］20 号"文字，设置对齐方式为【居右对齐】，如图 1-22 所示。

XX杯全国软件和信息技术专业人才大赛组委会

XX杯组委会字［2019］20号

关于举办XX杯大赛暑期教师集训会的通知

图 1-22　设置【居右对齐】

第2步　选择文档最后两段的落款和日期，单击【开始】选项卡下【段落】组中的【居右对齐】按钮，效果如图1-23所示。

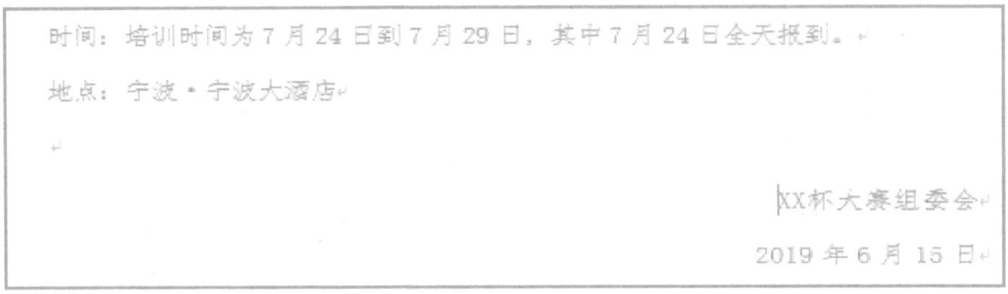

时间：培训时间为7月24日到7月29日，其中7月24日全天报到。

地点：宁波·宁波大酒店

XX杯大赛组委会

2019年6月15日

图1-23　设置【居右对齐】

1.5.2　设置段落缩进

第1步　选择所有正文文字，单击【开始】选项卡下【段落】选项组中的【段落设置】按钮，在弹出的【段落】对话框（如图1-24所示）中，选择【缩进和间距】选项卡，选择【缩进】选项区域中【特殊】下拉列表中的【首行】选项，设置【缩进值】为【2字符】。

第2步　完成设置后单击【确定】按钮，设置段落缩进后的效果如图1-25所示。

图1-24　【段落】对话框

图1-25　设置段落缩进

1.5.3　设置间距

设置间距包括设置段落间距和行间距，段落间距是指段落与段落之间间隔的距离。行间距是指文本中行与行之间的距离。具体操作步骤如下。

第1步　选择表头文字内容，单击【开始】选项卡下【段落】选项组中的【段落设置】按钮，在弹出的【段落】对话框中，选择【缩进和间距】选项卡，在【间距】选项区域中分别设置【段前】为【0行】,【段后】为【1行】，在【行距】下拉列表中选择【单倍行距】选项，如图1-26所示。

第2步　设置后的红头文字和文号之间的间距增宽，如图1-27所示。

图 1-26 设置段落间距

XX杯全国软件和信息技术专业人才大赛组委会

XX杯组委会字〔2019〕20号

图 1-27 设置后的效果

第 3 步　选择所有正文文字，在【间距】选项区域中设置【行距】为【固定值】,【设置值】为【25 磅】，效果如图 1-28 所示。

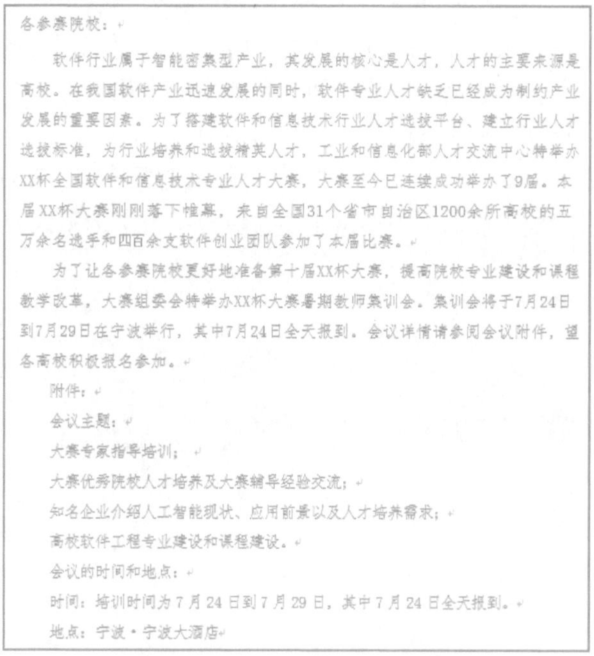

各参赛院校：

　　软件行业属于智能密集型产业，其发展的核心是人才，人才的主要来源是高校。在我国软件产业迅速发展的同时，软件专业人才缺乏已经成为制约产业发展的重要因素。为了搭建软件和信息技术行业人才选拔平台、建立行业人才选拔标准，为行业培养和选拔精英人才，工业和信息化部人才交流中心特举办XX杯全国软件和信息技术专业人才大赛，大赛至今已连续成功举办了9届。本届 XX杯大赛刚刚落下帷幕，来自全国31个省市自治区1200余所高校的五万余名选手和四百余支软件创业团队参加了本届比赛。

　　为了让各参赛院校更好地准备第十届XX杯大赛，提高院校专业建设和课程教学改革，大赛组委会特举办XX杯大赛暑期教师集训会。集训会将于7月24日到7月29日在宁波举行，其中7月24日全天报到。会议详情请参阅会议附件，望各高校积极报名参加。

　　附件：

　　会议主题：

　　大赛专家指导培训；

　　大赛优秀院校人才培养及大赛辅导经验交流；

　　知名企业介绍人工智能现状、应用前景以及人才培养需求；

　　高校软件工程专业建设和课程建设。

　　会议的时间和地点：

　　时间：培训时间为 7 月 24 日到 7 月 29 日，其中 7 月 24 日全天报到。

　　地点：宁波·宁波大酒店。

图 1-28　设置正文行间距后的效果

1.6　项目符号和编号的设置

在文档中添加项目符号或编号，可以使文档重点内容突出，便于读者阅读和理解。

1.6.1　添加项目编号

文档编号是指按照大小顺序为文档中的行或段落添加编号。具体操作步骤如下。

第 1 步　选择需要添加编号的文字，如"会议主题""会议的时间和地点"，单击【开始】选项卡下【段落】选项组中的【编号】按钮右侧的下拉按钮，在弹出的下拉列表中选择"一、二、三"的编号格式，如图1-29所示。

第2步　添加编号后的效果如图1-30所示。

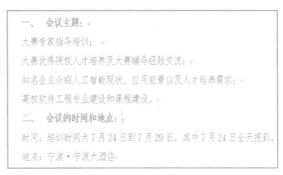

图1-29　选择编号格式　　　　　　　　　图1-30　设置编号后的效果

1.6.2　添加项目符号

第1步　选择"一、会议主题"下的文字内容，单击【开始】选项卡下【段落】选项组中的【项目符号】按钮右侧的下拉按钮，在弹出的【项目符号库】中选择一种样式，即可将选择的项目符号应用到所选段落中，如图1-31所示。

第2步　如果需要自定义项目符号样式，则可以选择【定义新项目符号】选项，在弹出的【定义新项目符号】对话框中单击【项目符号字符】选项区域中的【符号】按钮，如图1-32所示。

图1-31　选择项目符号　　　　　　　　　图1-32　【定义新项目符号】对话框

第3步　弹出【符号】对话框，在列表框中选择一种符号，单击【确定】按钮，如图1-33所示。

第4步　返回【定义新项目符号】对话框，单击【确定】按钮，添加项目符号后的效果如图1-34所示。

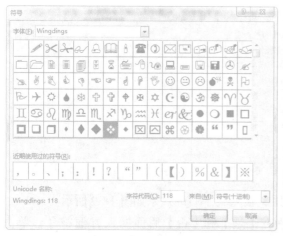

图 1-33 【符号】对话框

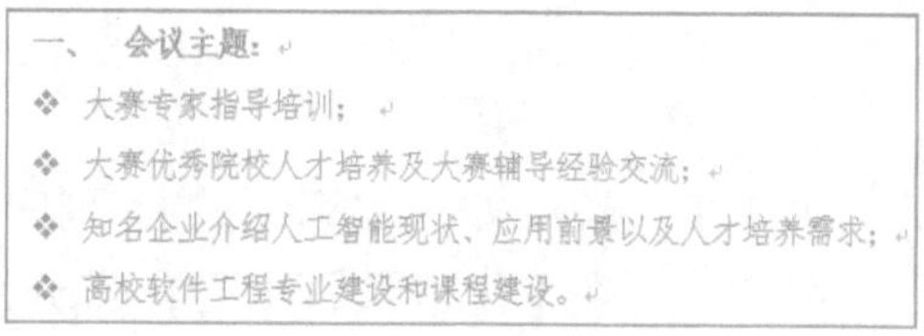

一、 会议主题：
❖ 大赛专家指导培训；
❖ 大赛优秀院校人才培养及大赛辅导经验交流；
❖ 知名企业介绍人工智能现状、应用前景以及人才培养需求；
❖ 高校软件工程专业建设和课程建设。

图 1-34　添加项目符号后的效果

1.7　制作会议回执

下面开始制作回执表部分，具体操作步骤如下。

第1步　单击【插入】选项卡下【表格】选项组中的【表格】下拉按钮，在弹出的下拉列表中选择【插入表格】选项，如图 1-35 所示。

第2步　弹出【插入表格】对话框，在【表格尺寸】选项区域中设置【列数】为【6】，【行数】为【10】，单击【确定】按钮，如图 1-36 所示。

图 1-35　插入表格

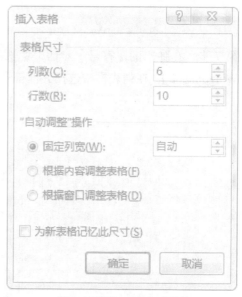

图 1-36　【插入表格】对话框

第3步　设置完成后，文档中插入了 10 行 6 列的表格，样式如图 1-37 所示。

第4步　合并单元格，在第 1 行中合并第 2～6 列；在第 2 行和第 10 行中分别合并第 2～4 列和第 5～6 列，合并单元格后的效果如图 1-38 所示。

第
1
部
分

Word 2016 办公应用

13

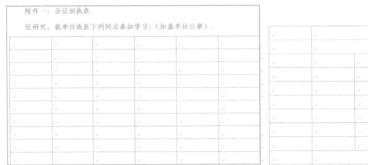

图 1-37 插入 10 行 6 列的表格

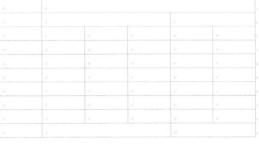

图 1-38 合并单元格后的效果

第 5 步 输入文字内容,并调整列间距,输入文字后的效果如图 1-39 所示。

第 6 步 在【住宿预订】行,需分别在【是】和【否】后面插入方框符号,单击【插入】选项卡下【符号】选项组中的【符号】下拉按钮,在弹出的下拉列表中选择【其他符号】选项,如图 1-40 所示。

图 1-39 输入文字后的效果

图 1-40 【符号】下拉按钮

第 7 步 在弹出的【符号】对话框中选择【符号】选项卡,在【字体】选项框中选择【Wingdings 2】,在列表框中选择方框符号,单击【插入】按钮,如图 1-41 所示。

图 1-41 【符号】对话框

Office 2016 高级办公应用

第 8 步　插入方框符号后的效果如图 1-42 所示。

| 住宿预订。 | 双床标准间合住：是□ 否□。 | 双床标准间单住：是□ 否□。 |

图 1-42　插入方框符号后的效果

1.8　保存通知

通知文档制作完成后，需要保存文档。有以下两种方法对文档进行保存。

其一，单击快速访问工具栏中的【保存】 图标进行保存；

其二，单击【文件】选项卡下【保存】选项即可。

1.9　打印通知

　　若要打印此通知，则可单击【文件】→【打印】，或者单击快速访问工具栏中的【打印预览和打印】 图标进行打印。在【打印】任务窗格中可分别对打印份数、打印机、页数、纸张型号、边距等进行设置。在【打印】窗口的右窗格中可以预览整个文档的效果，确保无误后，单击【打印】 图标即可开始打印文档，如图 1-43 所示。

图 1-43　打印文档

拓展训练

本拓展训练要求制作"会议邀请函"，具体制作要求如下。

1. 创建并保存文档

新建空白文档，并将其保存为"会议邀请函 .docx"文档。根据要求输入"会议邀请函"的内容，效果如图 1-44 所示。

图 1-44 "会议邀请函"

2. 设置字体及段落格式

（1）设置标题"职业院校基于混合教学模式的智慧课堂教学研讨会"的【字体】为
【仿宋】，【字号】为【小二】，字体效果为【加粗】，效果如图 1-45 所示。

图 1-45 设置标题样式

（2）设置"邀请函"三字的字体为【仿宋】，字号为【一号】，字体效果为【加粗】，
效果如图 1-46 所示。

图 1-46 设置"邀请函"的字体格式

（3）所有正文文字设置【字体】为【仿宋】，【字号】为【四号】，设置段落【缩进】为
【左侧】【2字符】，设置【行距】为【固定值】，【设置值】为【22磅】，效果如图 1-47 所示。

信息技术推动教育改革。近年来，教育部出台的《教育信息化"十三五"规划》《教育信息化2.0行动计划》（教技〔2018〕6号）等多项指导文件，均指出：信息技术与教学的深度融合，创新教学模式，提高课堂教学质量。

为推进信息技术与教学深度融合，全面提高职业院校人才培养能力，以移动互联网时代为背景，以信息化课堂教学模式创新为契机，开展智慧教学和课堂教学改革，交流职业院校信息化课堂教学的创新经验和成果，兹定于2019年4月28-29日在珠海召开"职业院校基于混合教学模式的智慧课堂教学研讨会"。

图 1-47　设置正文格式后的效果

（4）设置"主题内容、参与人员、会议时间和地点、会务联系和其他事项"等文字字体效果为【加粗】，并添加【编号】为"一、二、三、四、五"；为主题内容下的文字添加【编号】为"1、2、3、4、5"，添加【编号】后的效果如图 1-48 所示。

诚挚邀请各位领导、专家莅临指导！

一、主题内容：

1. 职业教育战略发展——信息化课堂教学的建设思路
2. 混合教学、打造金课——职业院校的混合教学应用与实践
3. 一平三端，构建智慧课堂生态系统
4. 基于大数据的智慧教学数据统计与分析
5. 全国职业院校信息化教学大赛案例分享

二、参会人员

各职业院校领导、教务处领导、教育技术中心（信息中心领导）、教学相关负责人、专业带头人和骨干教师。

三、会议时间、地点

报到时间：2019 年 4 月 28 日
会议时间：2019 年 4 月 29 日

图 1-48　添加【编号】后的效果

（5）制作"参会回执"，效果如图 1-49 所示。

参会回执								
单位名称：								
姓名	性别	部门	职务	E-mail	手机	28 日住宿 单间/标间	29 日住宿 单间/标间	备注
说　明：请于 4 月 18 日 24 时之前，以电子邮件的形式发送参会回执								

图 1-49　"参会回执"效果

任务2　邮件合并的应用
——制作荣誉证书

◢ 任务描述

很多单位、部门经常需要给不同的人颁发相同形式的证书，如荣誉证书、毕业证书、等级考试证书等，证书上面的内容除个人信息（如编号、姓名、成绩）等少数项目外，其他内容格式都完全一样。若要大批量制作这样的证书，则可以使用 Word 中"邮件合并"功能很好地实现。"邮件合并"将文件和数据库进行合并，用最省事省力的方法创建出目标文档。

1. 内容要求

（1）制作"邮件合并"时需提供 Word 主文档和数据源。

（2）主文档除少数信息不同外，其他内容和格式都是一样的。

（3）数据源可以有多种形式，但内容要准确。

2. 格式要求

（1）所有证书使用同一模板样式。

（2）数据源的数据可以是不同类型的表格数据。

（3）按照"邮件合并"的向导插入合并域。

◢ 设计思路

制作批量证书可以按以下的思路进行。

（1）创建证书主文档。

（2）创建数据源。

（3）利用"邮件合并"功能生成批量证书。

◢ 涉及知识点

本任务主要涉及以下知识点。

（1）设置页面背景和文本格式。

（2）插入艺术字。

（3）插入图形。

（4）插入表格。

（5）邮件合并。

2.1 创建证书主文档

"邮件合并"是在两个文档之间进行的，一个叫作"主文档"，另一个叫作"数据源"。"主文档"是证书上共有的信息；而"数据源"是包含若干领证人员的信息；在"主文档"中加入称为"合并域"的特殊指令及变化信息后，通过"邮件合并"功能，便可生成若干份证书。

2.1.1 设置主文档的页面背景

第 1 步　新建一个名为"荣誉证书"的空白文档，单击【布局】选项卡中【页面设置】选项组中的【纸张方向】下拉按钮，在弹出的下拉列表中选择【横向】选项，如图 2-1 所示。

第 2 步　单击【设计】选项卡下【页面背景】选项组中的【页面边框】按钮，弹出【边框和底纹】对话框，如图 2-2 所示。

图 2-1　设置纸张方向

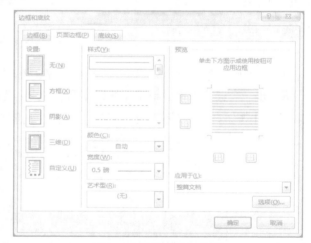

图 2-2　【边框和底纹】对话框

第 3 步　选择【页面边框】选项卡，在【艺术型】下拉列表（如图 2-3 所示）中选择红色气球图案，在对话框右侧的【应用于】下拉列表中选择【整篇文档】选项，单击【确定】按钮。

第 4 步　在【设计】选项卡下的【页面背景】选项组中单击【页面颜色】下拉按钮，在弹出的【主题颜色】选项区域中选择【橙色，个性色 6，淡色 80%】，如图 2-4 所示。

第 5 步　主文档的页面背景设置完成，如图 2-5 所示。

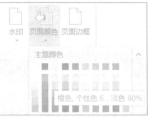
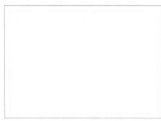

图 2-3 【艺术型】下拉列表　　　　图 2-4　设置【页面颜色】　　　　图 2-5　主文档的页面背景

2.1.2　设置主文档的文本格式

第 1 步　单击【插入】选项卡下【文本】选项组中的【艺术字】下拉按钮，在弹出的选项区域中选择第一行第一列字体，如图 2-6 所示。

第 2 步　在文档中弹出【请在此放置您的文字】艺术字文本框，如图 2-7 所示。

第 3 步　删除文本框中的文字，重新输入"荣誉证书"，如图 2-8 所示。

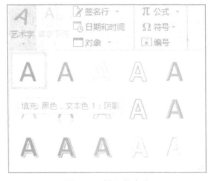

图 2-6　插入艺术字　　　　　图 2-7　艺术字文本框　　　图 2-8　输入"荣誉证书"

第 4 步　全选艺术字，单击【绘图工具 / 格式】选项卡下【艺术字样式】选项组中的【文本填充】按钮右侧的下拉按钮，选择【标准色】选项区域中的【红色】，如图 2-9 所示。

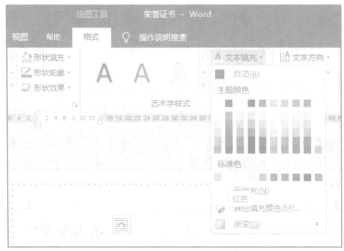

图 2-9　设置"荣誉证书"字体颜色

第5步　全选艺术字，在【开始】选项卡下【字体】选项组中设置【字体】为【华文楷体】，设置【字号】为【72】，并移动文本框到文档顶部居中的位置，如图2-10所示。

第6步　在【插入】选项卡下【插图】选项组中的【形状】下拉列表中选择【矩形】，并绘制在"荣誉证书"的下面，如图2-11所示。

图 2-10　设置艺术字字体格式

图 2-11　插入矩形

第7步　选择矩形，单击鼠标右键，在弹出的快捷菜单中选择【设置形状格式】选项，在文档右侧弹出的【设置文本效果格式】窗格中选择【填充】选项区域中的【纯色填充】，单击【颜色】右侧的下拉框，在弹出的下拉列表中【主题颜色】选项区域中选择【橙色，个性色6，淡色80%】设置矩形的填充颜色，如图2-12所示。

第8步　在【设置文本效果格式】窗格中继续选择【文本轮廓】选项区域中的【无线条】单选按钮，删除矩形的边框线，如图2-13所示。

第9步　选择矩形，单击鼠标右键，在弹出的快捷菜单中选择【添加文字】选项，输入"证书编号："，并设置字体颜色为【黑色】、字体为【宋体】、字号为【四号】，如图2-14所示。

第10步　用同样的方法，输入荣誉证书中的正文文字，并设置【字体】为【楷体】、【字号】为【一号】，效果如图2-15所示。

第11步　保存文档。

图 2-12　设置矩形的填充颜色

图 2-13　设置矩形为【无线条】

图 2-14　设置"证书编号："字体格式

图 2-15　输入并设置证书正文效果

2.2 创建数据源

第 1 步　新建一个名为【证书表格】的空白文档，单击【插入】选项卡下【表格】选项组中的【表格】下拉按钮，插入一个 3 列 5 行的表格，如图 2-16 所示。

第 2 步　在表格中输入如图 2-17 所示的数据源信息的文字内容，并设置【字体】为【宋体】、【字号】为【五号】，文字设置为【居中】对齐。

图 2-16　插入表格

姓名	获奖名称	证书编号
张鹏	优秀员工	20180201
于浩然	优秀工作者	20180503
高翔	优秀员工	20180102
郑雨彤	优秀工作者	20180205

图 2-17　数据源信息

第 3 步　保存文档。

2.3 邮件合并

第 1 步　打开已创建的"荣誉证书"主文档，单击【邮件】选项卡下【开始邮件合并】选项组中的【开始邮件合并】下拉按钮，选择【邮件合并分步向导】选项，如图 2-18 所示。跟着向导逐步完成之后的 6 步操作，即可完成邮件合并。

第 2 步　在弹出的【邮件合并】窗格中的【选择文档类型】选项区域选择【信函】单选按钮，然后单击【下一步：开始文档】链接，如图 2-19 所示。

图 2-18　选择【邮件合并分步向导】选项

图 2-19　选择文档类型

第 3 步　在新弹出的【邮件合并】窗格的【选择开始文档】选项区域中，选择【使用当前文档】单选按钮，如图 2-20 所示。

第 4 步 单击【下一步：选择收件人】链接，在新弹出的窗格中的【选择收件人】选项区域中，选择【使用现有列表】单选按钮，在【使用现有列表】选项区域中单击【浏览】链接，如图 2-21 所示。

图 2-20 选择开始文档

图 2-21 选择收件人

第 5 步 打开已建立好的"证书表格"文档，弹出【邮件合并收件人】对话框，如图 2-22 所示，检查表格中的数据是否都已显示在列表中。

第 6 步 单击【确定】按钮后，返回向导的第 3 步，单击【下一步：撰写信函】链接，进入向导的第 4 步，如图 2-23 所示。

图 2-22 【邮件合并收件人】对话框

图 2-23 撰写信函

第 7 步 单击【邮件】选项卡下【编写和插入域】选项组中的【插入合并域】的下拉按钮，出现数据源表格中的列标题：【姓名】【获奖名称】【证书编号】，如图 2-24 所示。

图 2-24 【插入合并域】

第 8 步 把光标停放在【证书编号：】的冒号（：）后面，然后单击【邮件】选项卡下【编写和插入域】选项组中的【插入合并域】下拉按钮，在下拉列表中选择【证书编号】，插入【《证书编号》】合并域，如图 2-25 所示。

第 9 步　按照以上步骤，分别在正文中的【同志：】和【荣誉称号】前面插入【《姓名》】和【《获奖名称》】合并域，如图 2-26 所示。

第 10 步　单击【邮件合并】窗格中的【下一步：预览信函】链接，主文档即会显示合并好的数据文档，如图 2-27 所示。

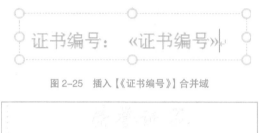

图 2-25　插入【《证书编号》】合并域

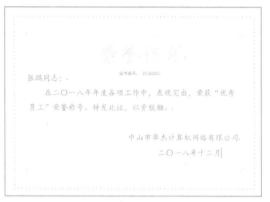

图 2-27　预览"荣誉证书"

图 2-26　插入正文中的合并域

第 11 步　在【邮件合并】窗格的【预览信函】选项区域中，分别单击左　、右　按钮，主文档中的信息就会跟着发生着变化，如图 2-28、图 2-29 所示。

图 2-28　预览第二份"荣誉证书"

图 2-29　预览第三份"荣誉证书"

第 12 步　单击【邮件合并】窗格中的【下一步：完成合并】链接，窗口中主文档显示合并好的数据文档，在【合并】选项区域中，用户可以单击【打印】开始打印文档，也可以单击【编辑单个信函】，弹出【合并到新文档】的对话框，如图 2-30 所示。

第 13 步　选择【合并记录】选项区域下的【全部】单选按钮，则所有的记录都被合并到一个名为"信函 1"的新文档中，从而完成了所有"邮件"的合并，如图 2-31 所示。

图 2-30 【合并到新文档】对话框

图 2-31　新文档"信函 1"

拓展训练

本拓展训练利用"邮件合并"功能完成公司"员工证"的制作，具体制作要求如下。

1. 制作"员工证"模板

制作如图 2-32 所示的公司"员工证"模板。

2. 数据源信息

数据源信息如图 2-33 所示。

图 2-32　公司"员工证"模板

部门	姓名	性别	职务
技术部	彭言敏	男	经理助理
技术部	王嫣然	女	经理
销售部	张浩然	男	主任
行政部	郑雨彤	女	经理秘书
人力资源部	高　翔	男	经理

图 2-33　数据源信息

3. 邮件合并

邮件合并完成的效果如图 2-34 所示。

图 2-34　邮件合并完成的效果

任务3 表格与图形的应用
——制作个人简历

◢ 任务描述

"个人简历"是求职者给招聘单位发送的一份自我情况的简要介绍，包括姓名、性别、年龄、民族、籍贯、政治面貌、学历、联系方式，以及自我介绍、工作经历、学习经历等个人基本信息。现在一般都是通过网络找工作，因此一份良好的"个人简历"对于获得面试机会至关重要。

1. 内容要求

（1）真实性。"个人简历"是给企业的第一张"名片"，不可以掺假，但可以进行优化处理，即可以选择性地将强项进行突出，将弱势进行忽略。

（2）针对性。制作"个人简历"时可以事先结合职业规划确定出自己的求职目标，以制作出有针对性的版本。

（3）价值性。把最有价值的内容放在简历中，使用的语言要平实、客观和精练，太感性的描述不宜出现在"个人简历"中。

2. 格式要求

（1）表格的行、列设置要合理，首先要了解清楚内容所涉及的最大的行数和列数。

（2）图形使用恰当，能很好地表达效果，达到突出重点的作用。

◢ 设计思路

制作"个人简历"可以按照以下的思路进行。

（1）在页面中插入表格，并对表格进行编辑。

（2）设置底纹。

（3）在表格中插入自选图形，并设置格式。

（4）插入艺术字并进行设置。

（5）插入文本框并进行设置。

◢ 涉及知识点

本任务主要涉及以下知识点。

（1）插入表格。

（2）设置底纹。

（3）插入自选图形。

（4）插入图片。

（5）插入艺术字。

（6）插入文本框。

任务实现

3.1 插入和编辑表格

3.1.1 插入表格

第 1 步　打开 Word 2016，新建一个空白文档，设置【页边距】为"上下分别为 2 厘米，左右分别为 1.5 厘米"，如图 3-1 所示。保存文档名为"个人简历"。

第 2 步　单击【插入】选项卡下【表格】选项组中【表格】下拉按钮，弹出【插入表格】下拉列表，如图 3-2 所示。

图 3-1　设置页边距

图 3-2　插入表格

第 3 步　可以通过在【插入表格】下拉列表中选择【插入表格】下的小方格、【插入表格】、【绘制表格】或【快速表格】中任意一种方式来实现插入表格。在"个人简历"文档中插入 1 列 6 行的表格，如图 3-3 所示。

3.1.2 编辑表格

第 1 步　选择第 6 行表格的下边线，拖曳至页面底部，如图 3-4 所示。

图 3-3 　插入 1 列 6 行的表格

第 2 步　单击表格左上角的十字形箭头图标⊞，选择整个表格，单击鼠标右键，在弹出的快捷菜单中选择【平均分布各行】选项，如图 3-5 所示。

图 3-4 　拖曳边线到页面底部　　　　　　　　　　　图 3-5 　选择【平均分布各行】选项

第 3 步　设置【平均分布各行】后的效果如图 3-6 所示。

图 3-6 　设置【平均分布各行】后的效果

第1步 选择第一个单元格,单击【表格工具/设计】选项卡中【底纹】下拉按钮,弹出下拉列表,如图3-7所示。

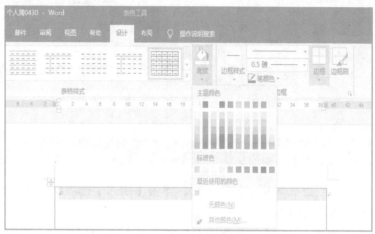

图3-7 【底纹】下拉列表

第2步 选择【其他颜色】选项,弹出【颜色】对话框,如图3-8所示。

第3步 在【颜色】对话框中单击【自定义】选项卡,【颜色模式】选择【RGB】,分别设置【红色】为【204】,【绿色】为【0】,【蓝色】为【153】,如图3-9所示。

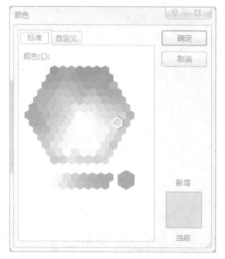

图3-8 【颜色】对话框

图3-9 自定义颜色

第4步 设置后的效果(紫色)如图3-10所示。

第5步 按照以上步骤,第2行底纹的自定义设置【RGB】颜色为"255 204 255",第3行底纹的自定义设置【RGB】颜色为"164 128 194",第4行底纹的自定义设置【RGB】颜色为"215 212 226",第5行底纹的自定义设置【RGB】颜色为"216 246 227",第6行底纹的自定义设置【RGB】颜色为"117 168 225"。设置后的效果如图3-11所示。

图 3-10　设置后的效果　　　　　　　　　　图 3-11　设置后各行颜色的效果

3.3 ▶ 插入自选图形

　　第 1 步　把光标放置在表格中的第一行，单击【插入】选项卡下【插图】选项组中【形状】下拉按钮，如图 3-12 所示。

　　第 2 步　在弹出的下拉列表中选择【基本形状】选项组中的【椭圆】，如图 3-13所示。

图 3-12　【形状】下拉按钮　　　　　　　　图 3-13　选择椭圆

　　第 3 步　光标在第 1 行单元格中呈十字形，按住鼠标左键并拖曳鼠标，绘制一个圆形，如图 3-14 所示。

图 3-14　在第 1 行中绘制一个圆形

第 4 步　用光标选择圆形并单击鼠标右键，在弹出的快捷菜单中选择【设置形状格式】选项，右侧弹出【设置形状格式】窗格，如图 3-15 所示。

第 5 步　在【设置形状格式】窗格的【填充】选项区中选择【无填充】单选按钮，【线条】选项区中选择【实线】单选按钮，【颜色】选择【黑色】,【宽度】选择【1 磅】,设置后的效果如图 3-16 所示。

图 3-15　【设置形状格式】窗格　　　　　　　　图 3-16　设置圆形线条的效果

第 6 步　选择圆形并单击鼠标右键，在弹出的快捷菜单中选择【设置形状格式】选项，在弹出的【设置图片格式】窗格中的【填充】选项区域中选择【图片或纹理填充】单选按钮，如图 3-17 所示。

第 7 步　【插入图片来自】选择【文件】，在弹出的【插入图片】对话框中找到素材"照片"文件所在目录并选择文件，单击【插入】按钮，如图 3-18 所示。

图 3-17　设置图片填充　　　　　　　　　　　图 3-18　插入图片

第 8 步　插入图片后的效果如图 3-19 所示。

图 3-19　插入图片后的效果

第 9 步　在第 2 行的空白处单击【插入】选项卡下【插图】选项组【形状】下拉按钮，在下拉列表中选择【箭头总汇】中的【箭头：五边形】（☐〉）。移动鼠标，使光标变成十字形，按住鼠标左键，将光标拖曳到合适的位置，然后松开鼠标，插入五边形效果如图 3-20 所示。

第 10 步　利用与第 4 步、第 5 步同样的方式设置箭头。设置【五边形】的【填充】的【颜色】为【白色】，设置【线条】的【颜色】为【黑色】，设置【宽度】为【1 磅】，并挪动图形上的黄色小点调整前面箭头的大小，最后的效果如图 3-21 所示。

图 3-20　第 2 行插入五边形效果

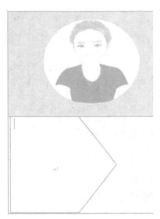

图 3-21　设置五边形的填充色和线条格式的效果

第 11 步　在第 3 行以同样的方式设置自选图形【箭头：五边形】，为了让箭头的方向朝左侧，可把图形旋转 180 度，其他设置参照第 10 步，最后的效果如图 3-22 所示。

第 12 步　继续对第 4 行至第 6 行设置【箭头：五边形】，效果如图 3-23 所示。

图 3-22　设置第 3 行中的五边形的效果

图 3-23　设置其他行的五边形的效果

第 1 步　选择第 2 行的五边形，单击鼠标右键，在弹出的快捷菜单中选择【添加文字】选项，如图 3-24 所示。

第 2 步　选择【绘图工具 / 格式】选择卡中【艺术字样式】第 3 行第 4 列的样式以插入艺术字，如图 3-25 所示。

图 3-24　【添加文字】选项

图 3-25　插入艺术字

第 3 步　输入"自我介绍"，设置【字体】为【宋体】，设置【字号】为【一号】，效果如图 3-26 所示。

第 4 步　同样，在第 4 行和第 6 行分别输入"工作经历""求职意向"，并参照第 3 步设置相应的字体格式，最后的效果如图 3-27 所示。

图 3-26　设置字体格式的效果

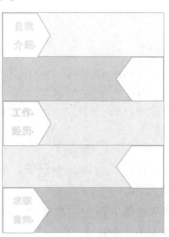

图 3-27　设置第 1、4、6 行后的效果

Office 2016 高级办公应用

图 3-28 【绘制横排文本框】选项

第 1 步 选择第 3 行的五边形，单击【插入】选项卡中【文本】选项组中的【文本框】下拉按钮，在弹出的下拉列表中选择【绘制横排文本框】选项，如图 3-28 所示。

第 2 步 在文本框上单击鼠标右键，在弹出的快捷菜单中选择【设置形状格式】选项，在弹出的【设置形状格式】的【线条】选项区域中选择【无线条】单选按钮，在文本框中输入"教育背景"艺术字，设置【字体】为【宋体】，设置【字号】为【一号】，效果如图 3-29 所示。

第 3 步 同样，在第 5 行中插入横排文本框，设置为【无线条】，输入"职业技能"艺术字，并设置【字号】为【一号】，最后的效果如图 3-30 所示。

图 3-29 设置文本框并输入文字后的效果

图 3-30 为第 5 行插入艺术字并设置文字格式的效果

第 4 步 在第 1 行表格中插入横排文本框，设置为【无线条】并输入如图 3-31 所示的个人基本信息，设置【字体】为【宋体】、【字号】为【五号】、【颜色】为【黑色】、【行距】为【固定值】、【设置值】为【20 磅】。

第 5 步 在第 2、3、4 行中，参照第 4 步的格式插入无线条的文本框，并输入如图 3-32 所示文字，效果如图 3-32 所示。

图 3-31 个人基本信息

图 3-32 输入文字并设置格式后的效果

第 6 步 在第 5 行的文本框中，插入 4 个软件图标的图片，并输入相应的文字，效果如图 3-33 所示。

第 7 步 在第 6 行的文本框中，输入"产品设计师 广告设计师 网页设计师"文字，设置【字体】为【宋体】，设置【字号】为【小二】号，效果如图 3-34 所示。

图 3-33 插入图片和文字的效果	图 3-34 设置第 6 行文字格式的效果

第 8 步 设置完成后的效果如图 3-35 所示。

图 3-35 设置完成后的效果

拓展训练

本拓展训练要求利用表格制作"读书小报"。

1. 设置页面

设置页面的页边距上下分别为 1.5 厘米，左右分别为 2，设置纸张方向为横向，如图 3-36 所示。

图 3-36 设置页面

2. 插入表格

插入 3 行、2 列的表格，分别合并第 1 列中的第 2 行和第 3 行单元格，以及第 2 列中的第 1 行和第 2 行的单元格，并调整样式，效果如图 3-37 所示。

图 3-37 插入表格

3. 插入文字

在对应的表格内插入图片和文字。

最后的效果如图 3-38 所示。

图 3-38 最后的效果

任务4 Word高级应用
——毕业论文排版

任务描述

"毕业论文"是毕业生独立完成的总结性的作业，是毕业生运用在校学习的基本知识和基础理论，分析、解决实际问题的实践锻炼过程，也是毕业生对在校学习的学习成果的综合性总结，是整个教学活动中不可缺少的重要环节。撰写"毕业论文"对于培养毕业生的科学研究能力，提高其综合运用所学知识分析问题、解决问题的能力有着重要意义。

1. 内容要求

（1）"毕业论文"通常由标题、摘要、目录、绪论、正文、结论、参考文献、致谢等部分组成。

（2）"毕业论文"的文档较长且各部分内容格式复杂。

2. 格式要求

（1）设置样式，保证字体、段落等格式统一。

（2）设置大纲级别，使层次结构明显。

（3）便于阅读。

设计思路

"毕业论文"排版可以按照以下的思路进行。

（1）制作"毕业论文"的"封面"页。

（2）设置"毕业论文"的标题及段落样式，并根据需要设置大纲级别。

（3）使用格式刷设置样式。

（4）使用分隔符或分页符设置文本格式，将内容另起一页显示。

（5）插入页码、页眉和页脚。

（6）提取目录。

涉及知识点

本任务主要涉及以下知识点。

（1）样式创建。

（2）应用格式刷。

（3）设置分页。

（4）插入页眉和页脚。

（5）插入页码。

（6）提取目录。

任务实现

4.1 添加"封面"页

图 4-1 选择插入空白页

为"毕业论文"添加"封面"页，具体操作步骤如下。

第 1 步 打开"毕业论文（素材）"文档，将光标定位在文档最前的位置，即"摘要"二字的前面，单击【插入】选项卡下【页面】选项组中的【空白页】按钮，如图 4-1 所示。

第 2 步 在素材文档前面插入一个空白页，将光标定位在新插入的页面最开始的位置，并按【Enter】键 4 次，输入如图 4-2 所示的文字，设置【字体】为【宋体】，设置【字号】为【小一】，并居中显示，效果如图 4-2 所示。

第 3 步 在"毕业综合实践项目"文字后，按【Enter】键 3 次后，依次输入"项目名称：基于 ASP.NET 技术的企业网站开发""作者：""学号：""系别：""专业：计算机应用技术""指导老师：""专业技术职务："等文字，设置【字体】为【宋体】，设置【字号】为【小三】，空白处输入空格键，并单击【开始】选项卡下【字体】组中的下画线图标 U ，为"基于 ASP.NET 技术的企业网站开发""计算机应用技术"和其余文字后的空白处添加下画线，如图 4-3 所示。

第 4 步 在页面底部输入"******职业技术学院教务处制"，并设置【字体】为【宋体】，设置【字号】为【小四】，整个"封面"页设置完成，效果如图 4-4 所示。

图 4-2 插入文字并设置字体格式的效果

图 4-3 输入并设置"封面"页

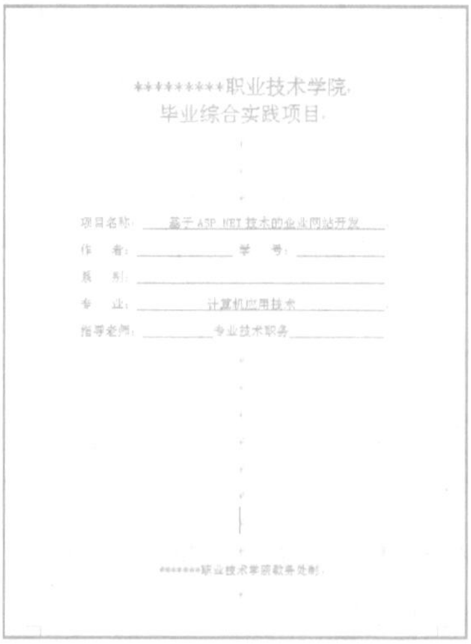

图 4-4 设置完成的"封面"页效果

4.2 创建样式

样式是字体格式和段落格式的集合。在排版长文档时可以创建样式，并对相同格式的文本进行样式套用，以便提高排版效率。

4.2.1 自定义样式

在对"毕业论文"这种长文档进行排版时，需要首先设置多种样式类型，然后对同一级别的文本应用同一样式，具体操作步骤如下。

第1步 选择"摘要"文本，单击【开始】选项卡下的【样式】选项组中的【样式】按钮 ，如图4-5所示。

图4-5 【样式】按钮

第2步 在弹出【样式】对话框中单击底部的【新建样式】按钮 ，如图4-6所示。

第3步 弹出【根据格式化创建新样式】对话框，在【属性】选项区域中设置【名称】为【一级标题】，在【格式】选项区域中设置【字体】为【宋体】，设置【字号】为【小三】，并设置字体效果为【加粗】、对齐方式为【居中】对齐，单击左下角的【格式】下拉按钮，在弹出的下拉列表中选择【段落】选项，如图4-7所示。

图4-6 【新建样式】按钮　　　　　图4-7 根据格式化创建新样式

第4步 弹出【段落】对话框，在【缩进和间距】选项卡【常规】选项区域中设置【对齐方式】为【居中】、【大纲级别】为【1级】，在【间距】选项区域中设置【段前】为【1行】、【段后】为【1行】、【行距】为【固定值】、【设置值】为【20磅】，单击【确定】

按钮，如图 4-8 所示。

第 5 步　返回【根据格式化创建新样式】对话框，在预览窗口可以看到设置的效果和设置的信息，如图 4-9 所示。单击【确定】按钮。

图 4-8　设置【一级标题】格式

图 4-9　预览设置样式和信息

第 6 步　此时【一级标题】的样式已经创建好，所选文字将自动应用该样式，效果如图 4-10 所示。

第 7 步　用同样的方法，选择文本"1.1 项目背景"为其设置新样式，并命名为【二级标题】，设置【字体】为【宋体】、【字号】为【四号】，并在【段落】对话框中，设置【对齐方式】为【两端对齐】、【大纲级别】为【2 级】、【段前】【段后】都为【1 行】、【行距】为【固定值】、【设置值】为【20 磅】，如图 4-11 所示。

图 4-10　应用【一级标题】样式效果

图 4-11　设置【二级标题】样式

第 8 步　用同样的方法，为每章节的三级标题如"2.2.1 ASP.NET 内置对象"文本设置样式，并命名为【三级标题】，设置【字体】为【宋体】、【字号】为【小四】，并在【段落】对话框中，设置【对齐方式】为【两端对齐】、【大纲级别】为【3 级】、【段前】【段后】

都为【0.5 行】、【行距】为【固定值】、【设置值】为【20 磅】,如图 4-12 所示。

图 4-12 设置【三级标题】样式

4.2.2 应用样式

创建好样式后,就可以在相同级别的文本中应用相应的样式,具体的操作步骤如下。

第 1 步 选择"第二章 ASP.NET 的网站开发设计分析"文本,选择【样式】窗格中的【一级标题】选项,即可将选择的文本设置为【一级标题】的样式,如图 4-13 所示。

第 2 步 用同样的方法对其余的【一级标题】【二级标题】【三级标题】进行设置,最终的效果如图 4-14 所示。

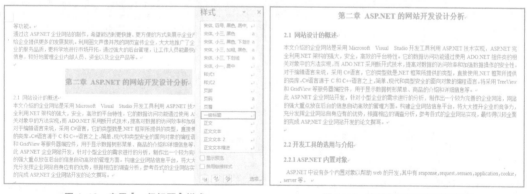

图 4-13 应用【一级标题】样式 图 4-14 应用各级标题样式的效果

4.2.3 修改样式

如果排版要求有变动,那么就要对样式进行相应的修改,然后再把修改后的样式应用到文本中,具体的操作步骤如下。

第 1 步　单击【开始】选项卡下【样式】选项组中的【样式】按钮，弹出【样式】对话框。选择需要修改的样式，如【二级标题】样式，单击【二级标题】右侧的下拉按钮，在弹出的下拉列表中选择【修改】选项，如图 4-15 所示。

第 2 步　在弹出的【修改样式】对话框中将【格式】选项区域中的【字体】改为【楷体】，字体效果改为【加粗】【斜体】，如图 4-16 所示。

图 4-15　修改样式　　　　　　　　图 4-16　修改字体和字体效果

第 3 步　修改完成后，所有应改为新样式的文本样式也发生了相应的变化，修改后的效果如图 4-17 所示。

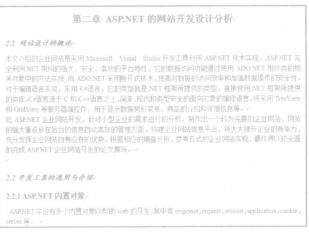

图 4-17　修改后的效果

4.2.4　清除样式

如果某些样式不再需要，则可以将其清除，具体操作步骤如下。

第 1 步　选择需要清除样式的文本，如选择文本"2.1 网站设计概述"，单击【开始】选项卡下【样式】选项组中的【样式】按钮，在弹出的【样式】对话框中选择【全部清除】选项，如图 4-18 所示。

第 2 步　清除原有的样式，清除样式后的效果如图 4-19 所示。

图 4-18　选择【全部清除】选项

图 4-19　清除样式后的效果

4.3 使用格式刷

　　若要对相同格式的文本进行设置，除使用样式外，还可用格式刷工具进行设置。接下来将所有正文的格式用格式刷工具进行设置，具体操作步骤如下。

　　第 1 步　选择"第一章 引言"中的正文文本，在【开始】选项卡下【字体】选项组中，设置【字体】为【宋体】、【字号】为【小四】，如图 4-20 所示。

　　第 2 步　单击【开始】选项卡下【段落】选项组中的【段落设置】按钮，弹出【段落】对话框，在【缩进和间距】选项卡下的【常规】选项区域内设置【对齐方式】为【两端对齐】、【大纲级别】为【正文文本】，在【缩进】选项区域内设置【特殊】为【首行】、【缩进值】为【2 字符】，在【间距】选项区域内设置【行距】为【固定值】、【设置值】为【20 磅】，单击【确定】按钮，完成设置，如图 4-21 所示。

图 4-20　设置字体格式

图 4-21　段落设置

第 1 部分　Word 2016 办公应用

43

第 3 步　设置完成后的效果如图 4-22 所示。

第 4 步　将光标放置在新设置完成的正文中的任意处，单击【开始】选项卡下【剪贴板】选项组中的【格式刷】按钮 ，这时光标前会有一个小刷子，选择其他正文文本即可设置相同格式。

使用格式刷后的效果如图 4-23 所示。

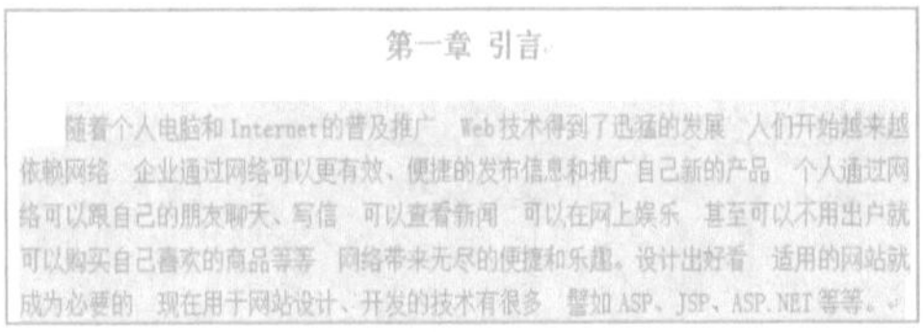

图 4-22　设置完成后的效果 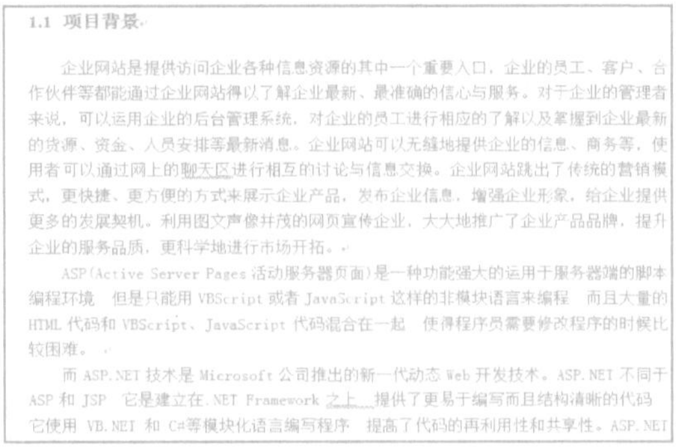　　　　　　　图 4-23　使用格式刷后的效果

第 5 步　使用同样的方法可以将格式应用到其他文本上。

4.4　设置分页

在"毕业论文"的编辑过程中，有的地方需要分节和分页，具体操作步骤如下。

4.4.1　使用分节符

节是一段连续的文档块，同节的页面拥有相同的格式设置元素，如页边距、纸型或方向、页眉页脚、页码顺序等。分节符起着分隔其前面文本格式的作用，如果删除了某个分节符，那么它前面的文本就会合并到后面的节中，并且采用后者的格式设置。如果没有插入分节符，则 Word 默认一个文档只有一个节，所有页面都属于这个节。

第 1 步　将光标放置在任意段落的末尾处，单击【布局】选项卡下【页面设置】选项组内的【分隔符】下拉按钮，在弹出的下拉列表中选择【分节符】选项区域中的【下一页】选项，即可将光标后面的文本移至下一页，如图 4-24 所示。

第 2 步　如果要删除分节符，则应将光标放置在插入【分节符】的位置，按【Delete】键删除。

图 4-24　使用分节符

4.4.2　使用分页符

第1步　将光标放置在第二页"关键词"行的"Web"后面，如图 4-25 所示。

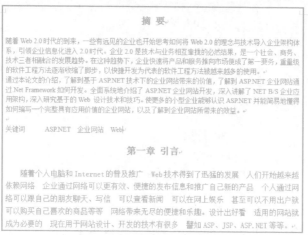

图 4-25　将光标放置在"关键词"行的"Web"后面

第2步　单击【布局】选项卡下的【页面设置】选项组内的【分隔符】下拉按钮，在弹出的下拉列表中选择【分页符】选项，如图 4-26 所示。

第3步　光标后的文本将移至下一页，分页后的效果如图 4-27 所示。

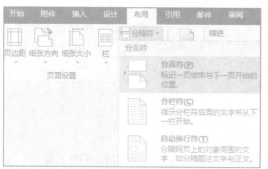

图 4-26　选择【分页符】选项

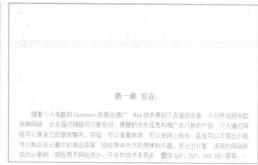

图 4-27　分页后的效果

4.5 ▶ 插入页眉和页脚

　　页眉和页脚是指在每一页顶部和底部的注释性文字或图形，以显示文档的重复信息，常用来插入时间、日期、页码、单位名称、徽标等，页眉也可以添加文档注释等内容。页眉在页面的顶部，页脚在页面的底部。

　　页眉和页脚不是随文本输入的，而是通过命令设置的。页眉、页脚只能在页面视图和打印预览方式下看到。

4.5.1　插入页眉

第1步　单击【插入】选项卡下【页眉和页脚】选项组中的【页眉】下拉按钮，在弹出的【页眉】下拉列表中选择需要的页眉样式，如选择【花丝】页眉样式，如图 4-28 所示。

图 4-28　选择【花丝】页眉样式

第 2 步　在文档每一页的顶部插入页眉，并显示【文档标题】文本框，如图 4-29 所示。

图 4-29　插入文本框

第 3 步　在【文档标题】文本框中输入"******* 职业技术学院"，如图 4-30 所示。

图 4-30　输入页眉文字

第 4 步　单击【设计】选项卡下【关闭】选项组中的【关闭页眉和页脚】按钮，文档中插入页眉后的效果如图 4-31 所示。

图 4-31　插入页眉后的效果

4.5.2　插入页脚

第 1 步　单击【插入】选项卡下【页眉和页脚】选项组中的【页脚】下拉按钮，在弹出的【页脚】下拉列表中选择需要的页脚样式，如选择【奥斯汀】页脚样式，如图 4-32 所示。

第 2 步　在页脚编辑状态中输入"计算机应用"的页脚内容，如图 4-33 所示。

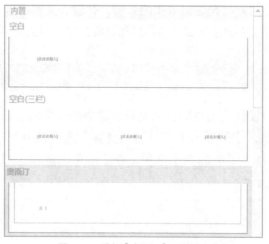

内置
空白
空白(三栏)
奥斯汀

图 4-32　选择【奥斯汀】页脚样式

利用这些新技术、新特性，可进行快速开发，让企业应用的架构更加灵活，拥有更好的性能和可扩展性。
页脚 - 第 2 节 -
与上一节相同
计算机应用

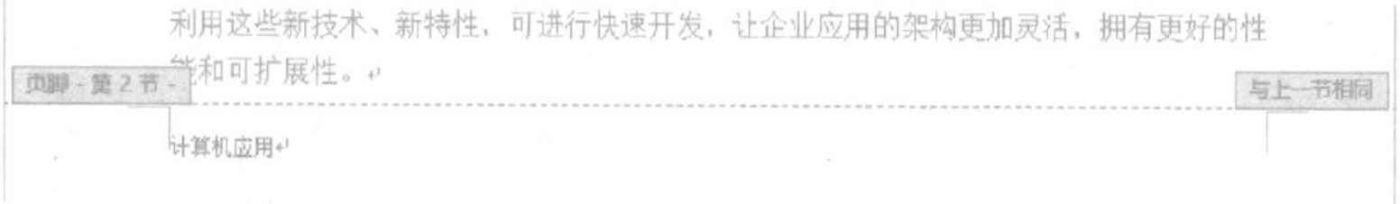

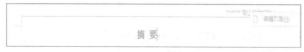

图 4-33　输入页脚

第 3 步　单击【设计】选项卡下【关闭】选项组中的【关闭页眉和页脚】按钮，文档中插入页脚后的效果如图 4-34 所示。

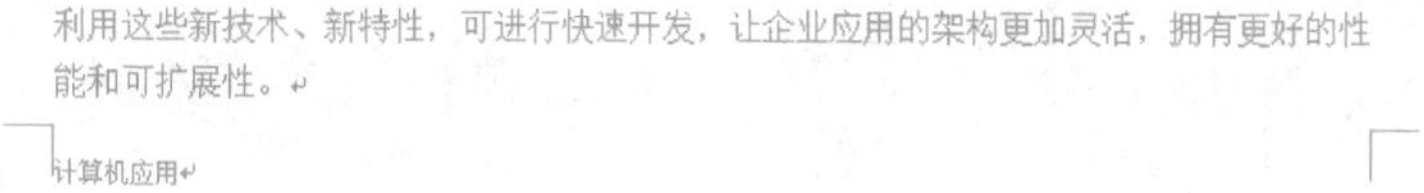

利用这些新技术、新特性，可进行快速开发，让企业应用的架构更加灵活，拥有更好的性能和可扩展性。
计算机应用

图 4-34　插入页脚后的效果

4.5.3　奇偶页不同页眉、页脚的设置

第1步　在页眉位置的文字上单击鼠标右键，弹出【编辑页眉】选项，如图4-35所示。

编辑页眉(H)
摘 要

图 4-35　编辑页眉

第 2 步　勾选【设计】选项卡下【选项】选项组中的【奇偶页不同】复选框，如图 4-36 所示。

第 3 步　找到页面中的偶数页页眉，输入“毕业论文”并设置为居右对齐，如图 4-37 所示。

视图
帮助
设计
操作说明
上一条
下一条
转至页脚
链接到前一节
导航
首页不同
奇偶页不同
显示文档文字
选项

图 4-36　勾选【奇偶页不同】复选框

毕业论文
偶数页页眉 - 第 2 节 -

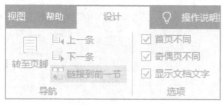

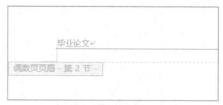

图 4-37　设置偶数页页眉

第 4 步　使用同样的方法设置偶数页的页脚，并输入文本内容，单击【关闭页眉和页脚】按钮。使用同样的方法设置奇数页的页眉和页脚，完成奇偶页不同页眉和页脚的设置。

4.6 插入页码

对于长文档，为方便读者记住阅读的位置，需要插入页码。

第 1 步　单击【插入】选项卡下【页眉和页脚】选项组中的【页码】下拉按钮，在弹出的下拉列表中选择【页面底端】选项，在【简单】选项区域中选择【普通数字 2】页码样式，如图 4-38 所示。

页眉
页脚
页码
文本框
符号
艺术字样式
页面顶端(T)
页面底端(B)
页边距(P)
当前位置(C)
设置页码格式(F)...
删除页码(R)
简单
普通数字 1
普通数字 2

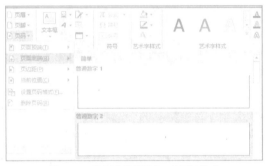

图 4–38　选择【普通数字 2】页码样式

第 2 步　在文档底部插入页码，如图 4-39 所示。

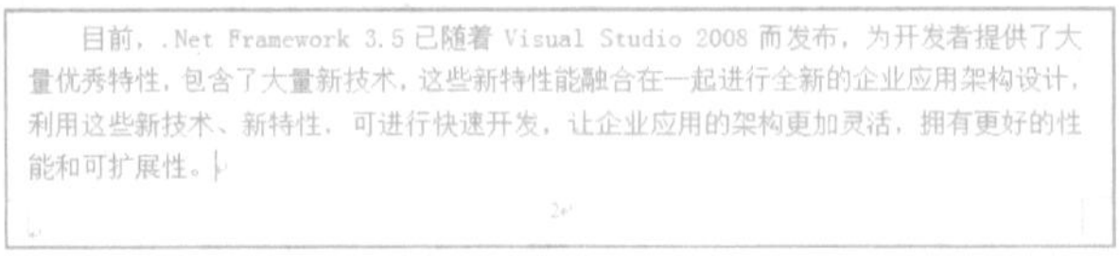

目前，.Net Framework 3.5 已随着 Visual Studio 2008 而发布，为开发者提供了大量优秀特性，包含了大量新技术，这些新特性能融合在一起进行全新的企业应用架构设计，利用这些新技术、新特性，可进行快速开发，让企业应用的架构更加灵活，拥有更好的性能和可扩展性。
2

图 4–39　插入页码

第 3 步　为了使页码有更好的显示效果，可以对页码格式进行设置。单击【插入】选项卡下【页眉和页脚】选项组中的【页码】下拉按钮，在弹出的下拉列表中选择【设置页码格式】选项，如图 4-40 所示。

第 4 步　弹出【页码格式】对话框，在【编号格式】下拉列表中选择其中一种编号格式，并单击【确定】按钮，如图 4-41 所示。

页码
页面顶端(T)
页面底端(B)
页边距(P)
当前位置(C)
设置页码格式(F)...
删除页码(R)

图 4–40　选择【设置页码格式】选项

页码格式
编号格式(F): - 1 -, - 2 -, - 3 -, ...
1, 2, 3, ...
- 1 -, - 2 -, - 3 -, ...
全角 ...
a, b, c, ...
A, B, C, ...
包含章节号
使用分隔符(E): - (连字符)
示例: 1-1, 1-A
页码编号
续前节(C)
起始页码(A): - 1 -
确定
取消

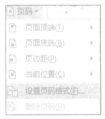

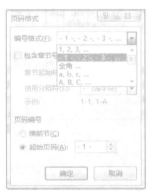

图 4–41　选择编号格式

第 5 步 设置页码后的效果如图 4-42 所示。

目前，.Net Framework 3.5 已随着 Visual Studio 2008 而发布，为开发者提供了大量优秀特性，包含了大量新技术，这些新特性能融合在一起进行全新的企业应用架构设计，利用这些新技术、新特性，可进行快速开发，让企业应用的架构更加灵活，拥有更好的性能和可扩展性。

- 2 -

图 4-42 设置页码后的效果

4.7 提取目录

当整篇"毕业论文"的格式、章节号、标题格式等设置完成后，就可以提取目录了。

第 1 步 首先把光标放置在"摘要"前，单击【布局】选项卡中【页面设置】选项组中【分隔符】按钮，在弹出的下拉列表中选择【分页符】选项区域内的【分页符】选项，在"摘要"前插入分页符，如图 4-43 所示。

图 4-43 在"摘要"前插入分页符

第 2 步 在空白页的顶端位置输入"目录"，如图 4-44 所示，并根据需要设置样式。

目 录

图 4-44 输入"目录"

第 3 步 单击【引用】选项卡下【目录】选项组中的【目录】下拉按钮，在弹出的下拉列表中选择【自定义目录】选项，如图 4-45 所示。

第 4 步 弹出【目录】对话框，如图 4-46 所示，在【目录】选项卡下的【常规】选项区域的【格式】下拉列表中选择【来自模板】选项，将【显示级别】设置为【3】。

第 5 步 设置好的目录样式如图 4-47 所示。

第 6 步 选择目录中的文本，可以对其字体格式和段落间距格式进行设置。

至此，"毕业论文"的排版就完成了。

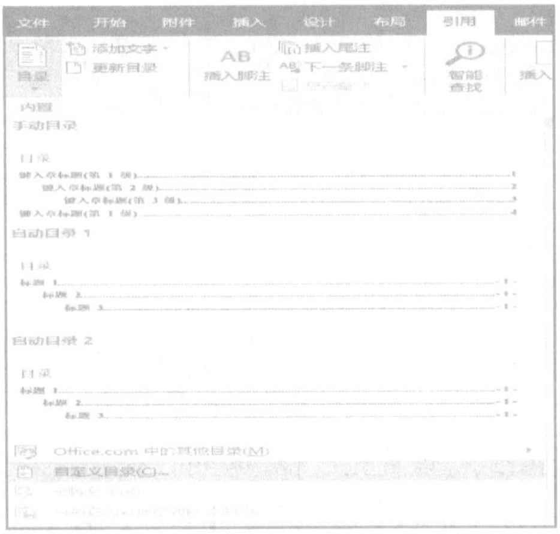

图 4-45　选择【自定义目录】选项 　　　　　　图 4-46　【目录】对话框

图 4-47　设置好的目录样式

✐ 拓展训练

图 4-48　"职场礼仪学习资料"的"封面"页

本拓展训练根据提供的素材资料，对"职场礼仪学习资料"进行排版。

1.设计"封面"页

设计"职场礼仪学习资料"的"封面"页，如图 4-48 所示。

2.设置格式

设置"职场礼仪学习资料"的格式如下。

标题的格式是"字体：仿宋；字号：二号；字体效果：加粗；居中对齐；段后距：1 行"。

一级标题的格式是"字体：仿宋；字号：小二号；字体效果：加粗；段前段后距：1 行；行间距：

固定值，22 磅；大纲级别：1 级"。

　　二级标题的格式是"字体：仿宋；字号：三号；字体效果：加粗；段前段后距：0.5 行；行间距：固定值，22 磅；大纲级别：2 级"。

　　所有正文设置格式为"字体：仿宋；字号：四号；首行缩进 2 字符；行间距：固定值，22 磅；大纲级别：正文文本"。设置后的效果如图 4-49 所示。

图 4-49　设置标题和正文的格式后的效果

3. 设置页眉、页脚，并插入页码

设置页眉、页脚，并插入页码，效果如图 4-50 所示。

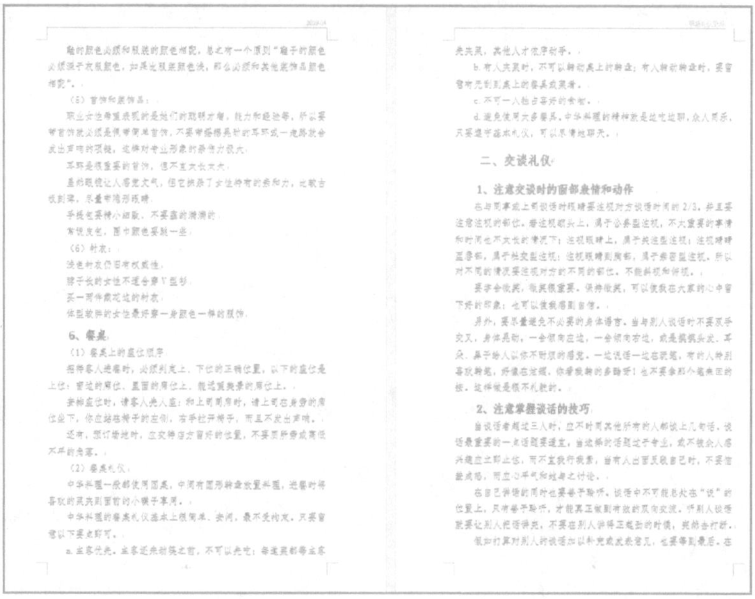

图 4-50　设置页眉、页脚，并插入页码后的效果

4. 提取目录

设置“目录”页，并提取目录，效果如图 4-51 所示。

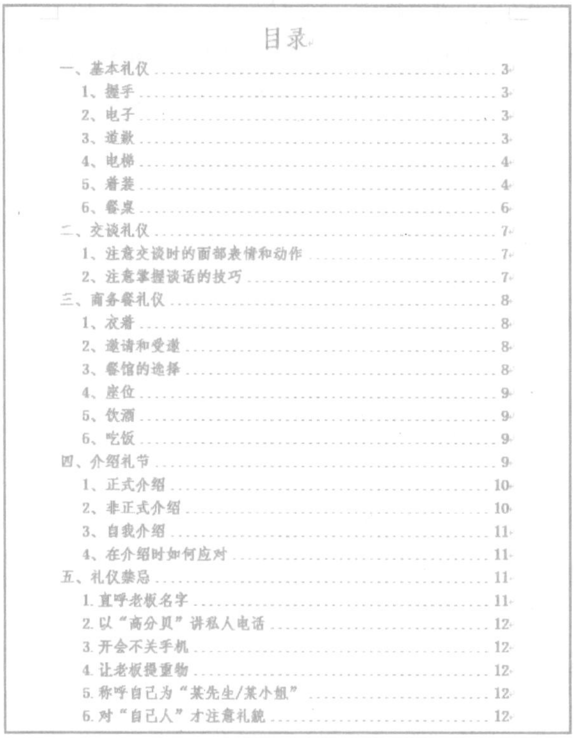
目录

一、基本礼仪 3
1、握手 3
2、电子 3
3、道歉 3
4、电梯 4
5、着装 4
6、餐桌 6
二、交谈礼仪 7
1、注意交谈时的面部表情和动作 7
2、注意掌握谈话的技巧 7
三、商务餐礼仪 8
1、衣着 8
2、邀请和受邀 8
3、餐馆的选择 8
4、座位 9
5、饮酒 9
6、吃饭 9
四、介绍礼节 9
1、正式介绍 10
2、非正式介绍 10
3、自我介绍 11
4、在介绍时如何应对 11
五、礼仪禁忌 11
1. 直呼老板名字 11
2. 以“高分贝”讲私人电话 12
3. 开会不关手机 12
4. 让老板提重物 12
5. 称呼自己为“某先生/某小姐” 12
6. 对“自己人”才注意礼貌 12

图 4–51　提取目录

第

Excel 2016 办公应用

2

部分

　　Excel 2016 是 Office 2016 办公软件中的重要组成部分。它有着强大的数据统计和分析功能，并可以用图表的形式将数据更直观、更形象地表示出来。本部分有四个任务，通过学习和应用这四个任务，读者可以掌握 Excel 数据的排序、筛选、分类汇总、数据透视表公式、图表、公式和函数的应用等基本操作。

任务5　Excel 2016基本操作
——制作员工信息表

任务描述

　　"员工信息表"是企业内部经常使用的一类电子表格，它的作用是管理企业员工的各种基本信息，这些信息包括员工编号、姓名、入职时间、身份证号码和电话号码等，有很强的通用性，便于及时查找员工信息。制作"员工信息表"时需要注意以下几点。

　　（1）收集的员工个人信息要及时准确地录入。

　　（2）界面简洁、清晰美观。

　　（3）便于查阅和打印。

设计思路

　　制作"员工信息表"可以按照以下的思路进行。

　　（1）创建和保存工作簿。

　　（2）在工作表中输入数据和文本，并设置格式。

　　（3）编辑单元格，并对表格进行美化。

　　（4）进行页面设置。

涉及知识点

　　本任务主要涉及以下知识点。

　　（1）创建工作簿。

　　（2）工作表的插入、删除、重命名、隐藏等。

　　（3）输入文本、数字、日期。

　　（4）编辑单元格、行和列。

　　（5）设置文本格式。

　　（6）设置数据验证。

　　（7）设置页面格式。

▲ 任务实现

5.1 ▶ 创建工作簿

工作簿是指在 Excel 中用来存储并处理工作数据的文件，在 Excel 2016 中，其扩展名是 ".xlsx"。通常所说的 Excel 文件指的就是工作簿文件。

在制作 "员工信息表" 时，首先要新建工作簿，并对新建的工作簿进行保存。创建工作簿有以下几种方法。

第一种方法：直接双击桌面图标。

第 1 步　双击桌面任务栏中的 Excel 图标，在打开的窗口中选择【空白工作簿】选项，如图 5-1 所示。

图 5-1　选择【空白工作簿】选项

第 2 步　系统会自动创建一个名为【工作簿 1】的工作簿。如图 5-2 所示。

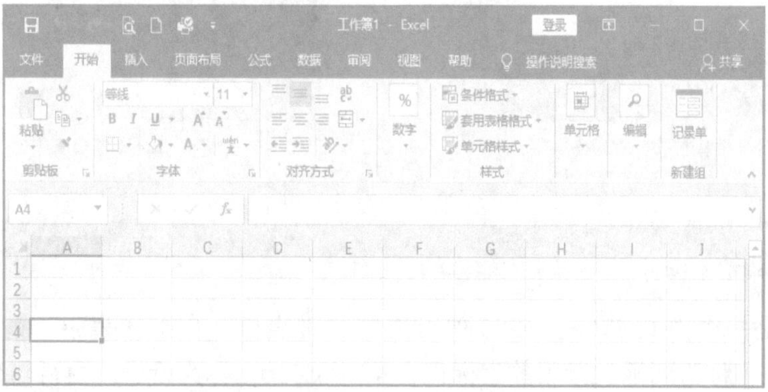

图 5-2　创建【工作簿 1】

第 3 步　选择【文件】选项卡下的【另存为】选项，双击【这台电脑】弹出的【另存为】对话框，如图 5-3 所示，在其中找到文件要保存的位置，并在【文件名】文本框中输入 "员工信息表 .xlsx"，【保存类型】选择 "Excel 工作簿"，单击【保存】按钮。

图 5-3 【另存为】对话框

第二种方法：使用快速访问工具栏。

在打开的 Excel 文件页面中，单击【自定义快速工具栏】中的【新建文档】图标 ，如图 5-4 所示，即可打开一个新的工作簿文档。

第三种方法：使用【文件】选项卡新建空白工作簿。

打开 Excel 2016，单击【文件】选项卡，在弹出的窗口中选择【新建】选项，在右侧窗格选择【空白工作簿】选项，即可打开一个新的空白工作簿，如图 5-5 所示。

图 5-4 单击【新建文档】图标　　　　图 5-5 利用【文件】选项卡新建空白工作簿

5.2 工作表的基本操作

工作表是一个由 65536 行、256 列组成的二维表格。在工作表中，列用字母标识，A~Z、AA~IV，称为列标；行用数字标识，从 1~65536，称为行号。由行与列交叉构成单元格。Excel 2016 工作簿默认有一个工作表，用户可以根据需要添加工作表，每一个工作簿最多包含 255 个工作表。在工作表的标签上，系统默认显示工作表的名称为 Sheet1、Sheet2、Sheet3 等。

5.2.1　插入和删除工作表

1. 插入工作表

（1）使用快捷按钮插入工作表。

第 1 步　打开 Excel 2016 窗口后，在 Sheet1 工作表的右侧有个带圆圈的加号按钮，如图 5-6 所示。

第 2 步　单击 ⊕ 按钮，即可直接增加 Sheet2 工作表，效果如图 5-7 所示。

图 5-6　Sheet1 工作表

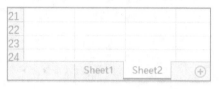

图 5-7　添加工作表效果

（2）使用快捷菜单插入工作表。

第 1 步　在 Sheet1 工作表标签上单击鼠标右键，在弹出的快捷菜单中选择【插入】选项，如图 5-8 所示。

第 2 步　弹出【插入】对话框，如图 5-9 所示，在【常用】选项卡中选择【工作表】选项，单击【确定】按钮。

图 5-8　选择【插入】选项

图 5-9　【插入】对话框

第 3 步　在当前工作表的左侧插入一个新的工作表——Sheet3 工作表，如图 5-10 所示。

图 5-10　插入 Sheet3 工作表

2. 删除工作表

第 1 步　选择需要删除的 Sheet2 工作表，在 Sheet2 工作表标签上单击鼠标右键，在弹出的快捷菜单中选择【删除】选项，如图 5-11 所示。

第 2 步　删除工作表后的效果如图 5-12 所示。

图 5-11　选择【删除】选项

图 5-12　删除工作表后的效果

5.2.2　移动和复制工作表

1. 移动工作表

（1）直接拖曳移动工作表。

第 1 步　选择需要移动的工作表，在该工作表的工作表标签上按住鼠标左键不放，如图 5-13 所示。

第 2 步　拖曳鼠标，将工作表标签移动到新的位置，黑色倒三角形会随光标的移动而移动，如图 5-14 所示。

图 5-13　选择工作表

图 5-14　鼠标拖曳操作

第 3 步　释放鼠标左键，选择的工作表即可移动到指定的位置，移动工作表后的效果如图 5-15 所示。

（2）使用快捷菜单移动工作表。

第 1 步　在要移动的工作表标签上单击鼠标右键，在弹出的快捷菜单中选择【移动或复制】选项，如图 5-16 所示。

图 5-15　移动工作表后的效果

图 5-16　选择【移动或复制】选项

第 2 步　在弹出的如图 5-17 所示的【移动或复制工作表】对话框中选择要插入的位置，单击【确定】按钮。

第 3 步　把 Sheet3 工作表移动至 Sheet4 工作表前，完成工作表的移动，如图 5-18 所示。

图 5-17　【移动或复制工作表】对话框　　　　　　图 5-18　完成工作表的移动

2. 复制工作表

第 1 步　选择要复制的工作表，在工作表标签上单击鼠标右键，在弹出的快捷菜单中选择【移动或复制】选项，如图 5-19 所示。

第 2 步　在弹出的如图 5-20 所示的【移动或复制工作表】对话框中选择【（移至最后）】，并勾选【建立副本】复选框，单击【确定】按钮。

图 5-19　选择【移动或复制】选项　　　　　　图 5-20　【移动或复制工作表】对话框

第 3 步　完成复制操作后的效果如图 5-21 所示。

图 5-21　复制后的效果

5.2.3　重命名工作表

（1）使用快捷菜单重命名工作表。

第 1 步　选择需要重命名的工作表，并在该工作表的工作表标签上单击鼠标右键，在弹出的快捷菜单中选择【重命名】选项，如图 5-22 所示。

第 2 步　此时，该工作表的工作表标签会高亮显示，输入"员工信息表"，按【Enter】键即可完成工作表的重命名，如图 5-23 所示。

图 5-22　选择【重命名】选项

图 5-23　重命名后的效果

（2）在标签上直接重命名。

第 1 步　双击需要重命名的工作表的工作表标签"员工信息表"，此时该工作表标签呈灰色底纹显示，如图 5-24 所示。

第 2 步　输入新的工作表标签名"员工信息表 1"，按【Enter】键即可完成对该工作表的重命名操作，如图 5-25 所示。

图 5-24　双击工作表标签

图 5-25　重命名工作表

5.2.4　设置工作表标签的颜色

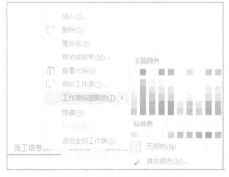

图 5-26　设置工作表标签颜色

在 Excel 2016 中可以对工作表的工作表标签设置不同的颜色，以区分工作量表的内容、分类及重要程度等，使用户可以更好地管理工作表。

第 1 步　选择要设置工作表标签颜色的工作表，在该工作表标签上单击鼠标右键，在弹出的快捷菜单中选择【工作表标签颜色】选项，如图 5-26 所示。

第 2 步　在弹出的选项列表中选择【标准色】选项区域中的【红色】选项，如图 5-27 所示。

第 3 步　设置完成后的效果如图 5-28 所示。

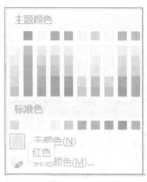

图 5-27 选择【红色】选项

图 5-28 设置完成后的效果

5.2.5 隐藏和显示工作表

在工作中，有些工作表不希望其他人看到，此时可以进行隐藏或显示工作表的设置，以便更好地管理工作表。

第 1 步 选择要隐藏的工作表"员工信息表 1"，在该工作表标签上单击鼠标右键，在弹出的快捷菜单中选择【隐藏】选项，如图 5-29 所示。

第 2 步 可以看到工作表"员工信息表 1"已被隐藏，如图 5-30 所示。

第 3 步 在任意工作表标签上单击鼠标右键，在弹出的快捷菜单中选择【取消隐藏】选项，如图 5-31 所示。

图 5-29 选择【隐藏】选项

图 5-30 工作表被隐藏

图 5-31 取消隐藏工作表

第 4 步 在弹出的如图 5-32 所示的【取消隐藏】对话框中选择【员工信息表 1】选项，单击【确定】按钮。

第 5 步 "员工信息表 1"工作表被重新显示，取消隐藏后的效果如图 5-33 所示。

图 5-32 【取消隐藏】对话框

图 5-33 取消隐藏后的效果

5.3 ▶ 数据输入

在 Excel 表中，输入数据的步骤如下。

第 1 步 选择要输入数据的单元格。

第 2 步 输入数据。

第 3 步 按【Enter】键、【Tab】键或方向键，将光标移动至下一个需要输入数据的单元格。

Excel 2016 的数据类型包含数字型、日期型、逻辑型，其中数字型的表现形式多种多样，有货币、小数、百分数、科学计数法等多种形式。Excel 2016 中的文本默认左对齐，数值默认右对齐。"员工信息表"的数据录入过程如下。

5.3.1 输入文本

1. 输入文本内容

按照如图 5-34 所示样式，输入文本内容。

图 5-34 输入文本内容

2. 输入数字文本

数字文本是指不参与计算的数字内容，如"员工信息表"中的员工编号、身份证号码、电话号码等内容。有两种处理方式。

（1）利用添加半角状态单引号的方式输入数字文本。

第 1 步　选择要输入数据的单元格，在该单元格中首先输入一个半角的单引号，然后再输入身份证号码，如图 5-35 所示。

第 2 步　按【Enter】键即可实现数值型文本的输入，同时在该单元格左上角有一个绿色三角形的标识，如图 5-36 所示。

图 5-35　输入身份证号码

图 5-36　身份证输入完成后效果

（2）使用【数字格式】输入数字文本。

第 1 步　选择需要输入身份证号码的 G4 单元格，单击【开始】选项卡下【数字】选项组中的【常规】下拉按钮，如图 5-37 所示。

图 5-37　单击【数字格式】下拉按钮

第 2 步　在弹出的下拉列表中选择【文本】选项，如图 5-38 所示。

第 3 步　在 G4 单元格中输入身份证号码 400000199002155069，如图 5-39 所示。

第 4 步　输入数据后按【Enter】键，该单元格左上角有一个绿色三角形的标识，如图 5-40 所示。

图 5-38　选择【文本】选项

图 5-39　输入身份证号码

图 5-40　身份证号码输入后的效果

3. 输入以 "0" 开头的员工编号

如果在 "员工信息表" 中输入以 "0" 开头的员工编号，那么一般情况下，Excel 会自动省略"0"。如果要保持输入的内容不变，则有以下两种方法。

（1）添加半角状态的单引号。

第1步　选择要输入数据的 A3 单元格，首先输入一个半角的单引号，然后输入 0001，如图 5-41 所示。

第2步　按【Enter】键即可确定输入的数字内容，同时在 A3 单元格左上角有一个绿色三角形的标识，如图 5-42 所示。

图 5-41　利用单引号输入编号

图 5-42　输入后的效果

（2）使用【数字格式】。

第1步　选择需要输入"0"开头的数字的 A4 单元格，单击【开始】选项卡下【数字】选项组中的【常规】下拉按钮，如图 5-43 所示。

图 5-43　【数字】选项组

第2步　在弹出的下拉列表中选择【文本】选项，如图 5-44 所示。

第3步　在 A4 单元格中输入"0002"，如图 5-45 所示。

第4步　按【Enter】键确定输入数据后，在该单元格左上角有一个绿色三角形的标识，如图 5-46 所示。

图 5-44　选择【文本】选项

图 5-45

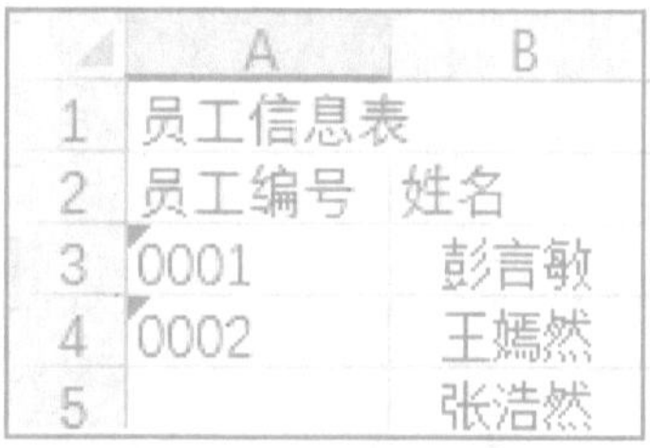

图 5-46

5.3.2　输入数值

输入数值的方式是直接在单元格录入。

5.3.3　输入日期

在 Excel 2016 中内置了一些日期和时间的格式，在"员工信息表"中输入日期时，需要选用相应的格式，具体操作如下。

第 1 步　选择需要输入日期的 F3 单元格，输入"2010/10"，如图 5-47 所示。

第 2 步　按【Enter】键确定数据后，单元格的内容变为"Oct-10"，如图 5-48 所示。

图 5-47　输入日期

图 5-48　输入日期后的效果

第 3 步　选择 F3 单元格，单击【开始】选项卡下【数字】选项组中的【常规】下拉按钮，在弹出的下拉列表中选择【长日期】选项，如图 5-49 所示。

第 4 步　设置后的单元格效果如图 5-50 所示。

图 5-49　选择【长日期】格式

图 5-50　设置后的单元格效果

5.3.4　填充数据

1. 填充相同的数据

第 1 步　假设要在 C3 单元格中输入"技术部"，并选择该单元格，如图 5-51 所示。

第 2 步　将光标指向该单元格右下角的填充柄，然后拖曳至 C17 单元格，填充后的效果如图 5-52 所示。

2. 填充序列

在 Excel 2016 中，填充序列一般是按照等差序列或等比序列进行的，具体操作步骤如下。

	A	B	C
1	员工信息表		
2	员工编号	姓名	部门
3	0001	彭言敏	技术部
4	0002	王嫣然	技术部
5		张浩然	技术部
6		郑雨彤	技术部
7		高 翔	技术部
8		王丽	技术部
9		李伟	技术部
10		龚雨	技术部
11		谢婷	技术部
12		张云鹏	技术部
13		许平安	技术部
14		梁汉	技术部
15		张天运	技术部
16		沈月	技术部
17		徐海	技术部

图 5-51　输入"技术部"　　　　　　　　图 5-52　填充后的效果

第 1 步　选择 A3：A4 单元格区域，将光标指向该单元格右下角的填充柄，如图 5-53 所示。

第 2 步　当光标变为十字形状时，拖曳至 A16 单元格，所有数据按照等差序列进行填充，填充序列后的效果如图 5-54 所示。

	A	B	C
1	员工信息表		
2	员工编号	姓名	部门
3	0001	彭言敏	技术部
4	0002	王嫣然	技术部
5	0003	张浩然	技术部
6	0004	郑雨彤	技术部
7	0005	高 翔	技术部
8	0006	王丽	技术部
9	0007	李伟	技术部
10	0008	龚雨	技术部
11	0009	谢婷	技术部
12	0010	张云鹏	技术部
13	0011	许平安	技术部
14	0012	梁汉	技术部
15	0013	张天运	技术部
16	0014	沈月	技术部
17	0015	徐海	技术部

图 5-53　填充序列　　　　　　　　　　图 5-54　填充序列后的效果

5.3.5　设置数据验证

"员工信息表"中"性别"列与"学历"列内容数值有一定取值范围，且取值范围不大（性别只有男、女两种，学历则只有研究生、本科、大专、中专及中专以下五种），为了避免在录入过程中出现不规范的数据，则可以为这两列设置数据的有效性，用下拉列表的形式进行数据选择，不允许用户录入非法数据。

第 1 步　选择"性别"列 D3:D17 单元格区域，单击【数据】选项卡下【数据工具】选项组中的【数据验证】下拉按钮，在弹出的下拉列表中选择【数据验证】选项，如图 5-55 所示。

第 2 步　在弹出的【数据验证】对话框的【设置】选项卡中，选择【验证条件】选项区域的【允许】下拉列表中的【序列】选项，如图 5-56 所示。

第 3 步　在【来源】下的文本框中输入"男,女"。注意，此处的逗号，一定要是半角的逗号，如图 5-57 所示。

图 5-55　选择【数据验证】选项

图 5-56　选择【序列】选项

图 5-57　设置【来源】

第 4 步　单击【确定】按钮完成"性别"列的设置，D3:D17 单元格区域中的每一个单元格旁边都会出现一个下拉列表，如图 5-58 所示。

第 5 步　根据以上的步骤，设置"学历"列的数据验证，效果如图 5-59 所示。

图 5-58　设置"性别"列后的效果

图 5-59　设置"学历"列后的效果

5.4　表格的美化

5.4.1　设置字体

第 1 步　选择 A1 单元格，单击【开始】选项卡下【字体】选项组中的【字体】下拉按钮，在弹出的下拉列表中选择【楷体】选项，如图 5-60 所示。

第 2 步　单击【开始】选项卡下【字体】选项组中的【字号】下拉按钮，在弹出的下拉列表中选择【20】选项，如图 5-61 所示。

第 3 步　用同样的方法，选择 A2:I17 单元格区域中的所有单元格，设置【字体】为【仿宋】、【字号】为【12】，设置字体后的效果如图 5-62 所示。

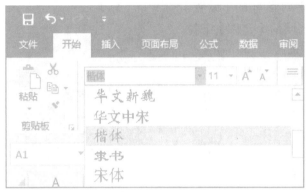

图 5-60 设置字体

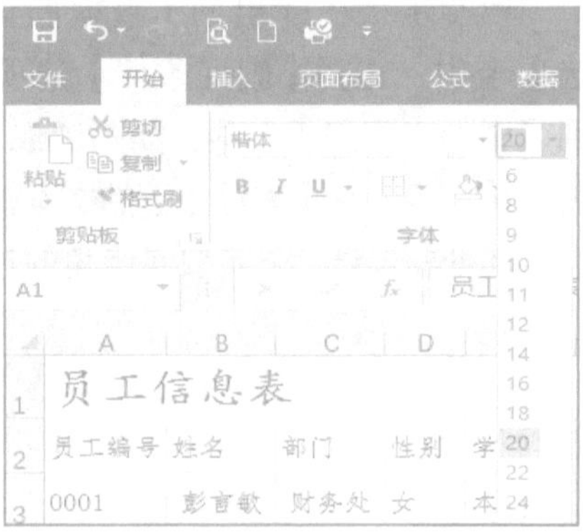

图 5-61 设置字号

图 5-62 设置字体后的效果

5.4.2 设置表格边框

第 1 步 选择需要添加边框的 A2:I17 单元格区域，单击【开始】选项卡下【字体】选项组中的【下框线】下拉按钮，在弹出的下拉列表中选择【所有框线】选项，如图 5-63 所示。

图 5-63 设置表格边框

第 2 步 选择的单元格区域都加上了边框，效果如图 5-64 所示。

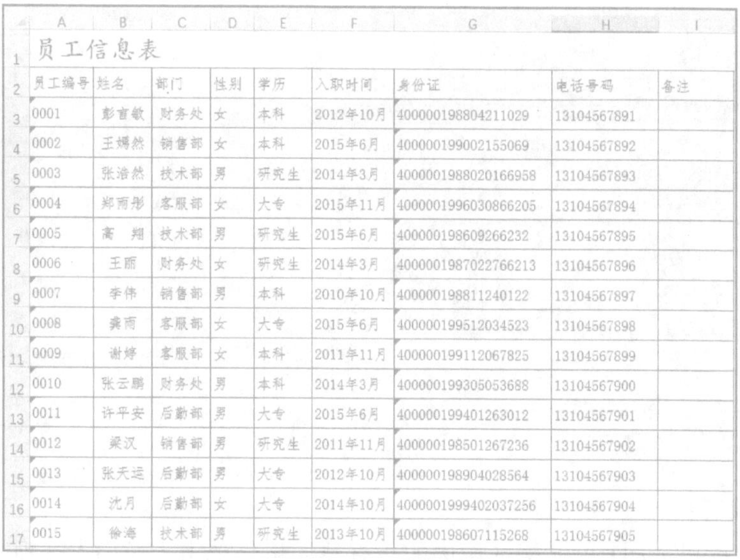

图 5-64　加上边框后的效果

5.4.3　调整行高与列宽

在"员工信息表"中，当单元格的宽度或高度不够时，会导致数据显示不完整，这时需要调整行高和列宽，使"员工信息表"的布局更加合理。

1. 调整单行或单列

第 1 步　将光标移动到第 1 行和第 2 行的行号之间，当光标变成上下箭头时，按住鼠标左键向下拖曳使第 1 行的行高变高，设置高度为【30】，如图 5-65 所示。

第 2 步　将光标放在 F 列与 G 列两列的列标之间，当光标变成左右箭头形状时，按住鼠标左键向右拖曳则可使 F 列变宽，如图 5-66 所示。

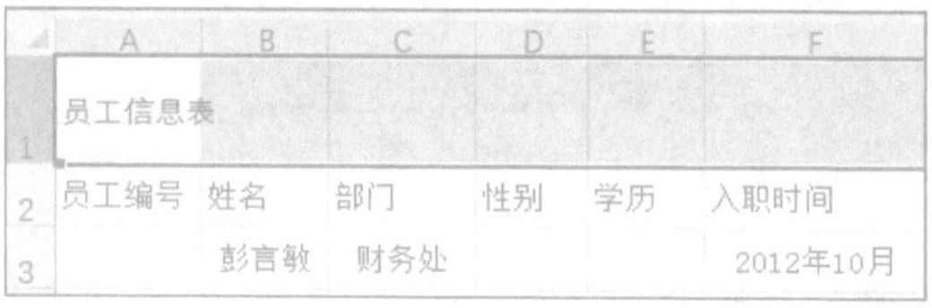

图 5-65　调整行高

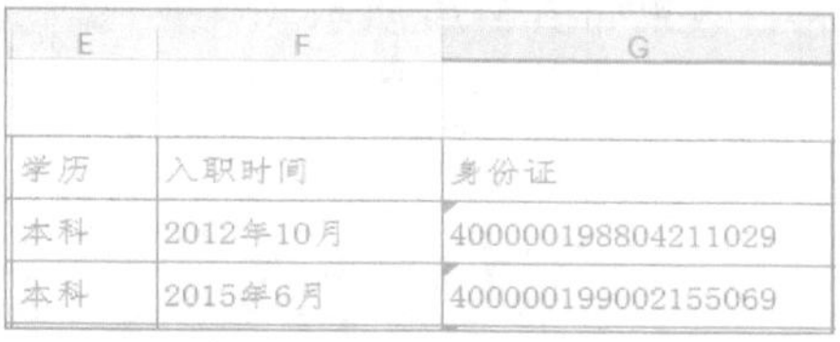

图 5-66　调整列宽

2. 调整多行或多列

第 1 步　选择 A 列到 I 列的所有列，列标呈绿色显示，将光标放置在任意两列的列标之间，光标变为十字形状后按住鼠标左键，向右拖曳可增加光标左侧那列的列宽，拖到合适位置时松开鼠标左键即可，如图 5-67 所示。

第 2 步　选择第 2 行到第 17 行的所有的行，行标呈绿色显示，按住鼠标左键拖曳所选行号的下面的边线，向下拖曳可增加行高，拖到合适位置时松开鼠标左键即可，如图 5-68 所示。

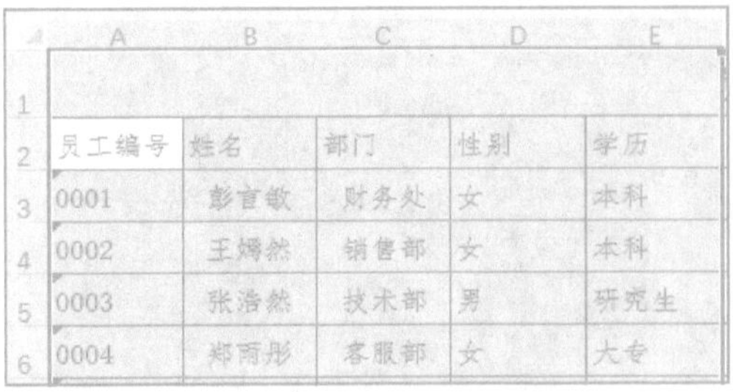

图 5-67 调整多列列宽

图 5-68 调整多行行高

5.4.4 设置对齐方式

1.设置表格标题合并居中显示

第 1 步 选择 A1:I1 单元格区域中的所有单元格，单击【开始】选项卡下【对齐方式】选项组中的【合并后居中】的下拉按钮，如图 5-69 所示。

图 5-69 【合并后居中】按钮

第 2 步 在弹出的下拉列表中选择【合并后居中】选项，即可合并且居中所选的单元格，效果如图 5-70 所示。

图 5-70 合并且居中后的效果

2.设置表格其他内容为水平居中、垂直居中

第 1 步 选择 A2:I17 单元格区域，单击鼠标右键，在弹出的菜单中选择【设置单元格格式】选项，如图 5-71 所示。

第 2 步 在弹出【设置单元格格式】的对话框中选择【对齐】选项卡，设置【文本对齐方式】选项区域中的【水平对齐】为【居中】、【垂直对齐】为【居中】，如图 5-72 所示。

第 3 步 单击【确定】按钮，设置后的效果如图 5-73 所示。

图 5-71 设置单元格格式

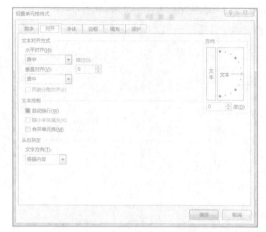

图 5-72 【设置单元格格式】对话框

员工编号	姓名	部门	性别	学历	入职时间	身份证	电话号码	备注
					员工信息表			
0001	彭言敏	财务处	女	本科	2012年10月	400000198804211029	13104567891	
0002	王婿然	销售部	女	本科	2015年6月	400000199002155069	13104567892	
0003	张浩然	技术部	男	研究生	2014年3月	400000198802016958	13104567893	
0004	郑可彤	客户部	女	大专	2015年11月	400000199603086205	13104567894	
0005	简 翔	技术部	男	研究生	2015年6月	400000198609266222	13104567895	
0006	王丽	财务处	女	研究生	2014年3月	400000198702276621	13104567896	
0007	李伟	销售部	男	本科	2010年10月	400000198811240122	13104567897	
0008	龚可	客户部	女	大专	2015年6月	400000199512034523	13104567898	
0009	谢婷	客户部	女	本科	2011年11月	400000199112067825	13104567899	
0010	张云顺	财务处	男	本科	2014年3月	400000199305053688	13104567900	
0011	许平安	后勤部	男	大专	2015年6月	400000199401263012	13104567901	
0012	梁汉	销售部	男	研究生	2011年11月	400000198501267236	13104567902	
0013	张天达	后勤部	男	大专	2012年10月	400000198904028564	13104567903	
0014	沈月	后勤部	女	大专	2014年10月	400000199402037256	13104567904	
0015	徐海	技术部	男	研究生	2013年10月	400000198607115268	13104567905	

图 5-73 设置后的效果

5.4.5 设置底纹

第1步 选择第二行数据,单击【开始】选项卡下【字体】组中的【填充颜色】的下拉列表【标准色】选项区域中的【橙色】选项,如图 5-74 所示。

第2步 选择 A3:I17 单元格,按照以上步骤,选择【主题颜色】选项区域中的"蓝色,个性色 5,淡色 80%",如图 5-75 所示。

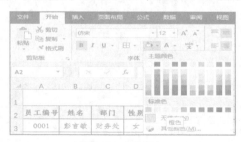

图 5-74 填充橙色

图 5-75 填充蓝色

第 3 步　设置完成后的效果如图 5-76 所示。

	员工信息表							
员工编号	姓名	部门	性别	学历	入职时间	身份证	电话号码	备注
0001	彭言敏	财务处	女	本科	2012年10月	400000198804211029	13104567891	
0002	王婷婷	销售部	女	本科	2015年6月	40000019002155069	13104567892	
0003	张海燕	技术部	男	研究生	2014年6月	4000001988020166958	13104567893	
0004	郑雨彤	客服部	女	大专	2015年11月	400000199603086205	13104567894	
0005	高翔	技术部	男	研究生	2015年6月	400000198609266232	13104567895	
0006	王丽	财务处	女	研究生	2014年3月	4000001987022766213	13104567896	
0007	李伟	销售部	男	本科	2010年10月	400000198811240122	13104567897	
0008	龚面	客服部	女	大专	2015年6月	400000199512034523	13104567898	
0009	谢烨	客服部	女	本科	2011年11月	400000199112067825	13104567899	
0010	张云飞	财务处	男	本科	2014年3月	400000193305053688	13104567900	
0011	许平安	后勤部	男	大专	2015年6月	400000199401263012	13104567901	
0012	梁汉	销售部	男	研究生	2011年11月	400000198501267236	13104567902	
0013	张天进	后勤部	男	大专	2012年10月	400000198904028564	13104567903	
0014	沈月	后勤部	女	大专	2014年10月	4000001999402037256	13104567904	
0015	徐海	技术部	男	研究生	2013年10月	400000198607115268	13104567905	

图 5-76　设置完成后的效果

5.5　页面设置

图 5-77　页面设置

第 1 步　单击【页面布局】选项卡下【页面设置】组右下角的按钮，如图 5-77 所示。

第 2 步　在弹出的【页面设置】对话框中选择【页面】选项卡，在【方向】选项区域中选择【横向】单选按钮，如图 5-78 所示。

第 3 步　选择【页边距】选项卡，分别设置上下边距为【1.6】，左右边距为【1.8】，页眉和页脚的边距为【0.3】，【居中方式】勾选【水平】，单击【确定】按钮，如图 5-79 所示。

图 5-78　【页面】选项卡

图 5-79　【页边距】选项卡

第4步　设置完成后，选择【文件】选项卡，在弹出的菜单中选择【打印】选项，如图 5-80 所示。

第5步　在打印预览窗口可预览打印效果，如图 5-81 所示。

图 5-80　选择【打印】选项　　　　　　　　　图 5-81　预览打印效果

5.6　保存工作簿

所有设置都完成后，需要保存"员工信息表"，具体有以下两种方法。

1. 使用工具按钮保存工作簿

直接选择【快速访问工具栏】上【保存】按钮，如图 5-82 所示。

2. 使用选项保存工作簿

选择【文件】选项卡下的【保存】选项，即可保存所有操作，如图 5-83 所示。

图 5-82　使用工具按钮保存工作簿　　　　　　图 5-83　使用选项保存工作簿

拓展训练

本拓展训练根据图 5-84 所示样式，对照以下要求制作"2019 年上半年公司员工参赛表"。

（1）设置表格标题"2019 年上半年公司员工参赛表"的格式为【宋体】，设置字号为【18】，设置显示方式为【加粗】，设置对齐方式为【合并居中】。

（2）设置列标题字体为【宋体】，设置字号为【11】，设置显示方式为【加粗】，设置对齐方式为【水平居中】【垂直居中】，设置列标题底纹为"浅绿色"。

图 5-84 "2019 年上半年公司员工参赛表"的样式

（3）设置表格数据字体为【宋体】，设置字号为【10 号】，设置对齐方式为【水平居中】【垂直居中】，设置表格底纹为"蓝色，个性色 1，淡色 80%"。

（4）设置标题行的行高为 33，列表标题行的行高为 18；设置其他数据的行高为16.5，列宽为最适合的列宽。

（5）为"部门"列设置数据验证，数据源为"技术部，财务处，后勤处"。

（6）给数据表添加边框线，其中外框线为【双细线】，内框线为【点横线】。

（7）将表格另存为"参赛表"。

设置完成后的效果如图 5-85 所示。

	序号	工号	部门	姓名	参赛项目	身份证号	参赛时间
	01	04006	技术部	何严红	羽毛球	340811199306175826	2019年4月8日
	02	04003	财务处	赫凯	篮球	152726199309092431	2019年4月8日
	03	06089	后勤处	王薇	羽毛球	350181199306211869	2019年4月8日
	04	02001	财务处	余媛	乒乓球	340828199301120540	2019年4月8日
	05	06075	技术部	张瑞	武术	230405199212220329	2019年4月8日
	06	05021	后勤处	张钰	羽毛球	210404199211282114	2019年4月8日
	07	02020	财务处	张云雷	篮球	341223199310103116	2019年4月8日

2019年上半年公司员工参赛表

图 5-85 设置完成后的效果

任务6　应用数据处理和分析
——制作家电销售表

任务描述

在公司和企业中，通常使用表格来记录日常的业务往来，如销售记录表、库存表、发货记录单、出车登记表等。这些表格记载着每一笔业务的详细原始信息，本任务以"家电销售表"为例，记载家电销售的日期、地区、产品、型号、数量、单价、金额等详细信息。通过本任务的学习，学会对原始的销售记录进行分析和统计，从而可以为市场决策提供依据。

设计思路

制作"家电销售表"可以按照以下思路进行。

（1）通过对商品的排序，可以使数据按照一定的规则，从大到小或从小到大进行重新排序。

（2）通过筛选数据，可以查询各种符合条件的数据。

（3）通过对数据进行分类汇总，能够迅速了解各类销售统计数据。

（4）通过创建数据透视表，可以全方位、多维度地了解各类数据的总体销售情况。

涉及知识点

本任务主要涉及以下知识点。

（1）数据排序。

（2）数据筛选。

（3）分类汇总。

（4）数据透视表和数据透视图。

6.1 ▶ 排序数据

6.1.1 单条件排序

第1步　选择"家电销售表"中的任意单元格，单击【数据】选项卡下的【排序和筛选】选项组内的【排序】按钮，如6-1所示。

第2步　弹出【排序】对话框，分别设置【主要关键字】为【地区】，【排序依据】为【单元格值】，【次序】为【升序】，单击【确定】按钮，如图6-2所示。

第3步　将"地区"列数据按字母先后的顺序进行排序，效果如图6-3所示。

图6-1 【排序】按钮

图6-2 【排序】对话框

⊿	A	B	C	D
1	日期	地区	产品	型号
2	2019年4月	佛山	彩电	BJ-1
3	2019年4月	佛山	电冰箱	BCD
4	2019年4月	佛山	电冰箱	KA92
5	2019年4月	佛山	洗衣机	WM12N
6	2019年4月	佛山	音响	JP
7	2019年4月	佛山	空调	KFR
8	2019年4月	佛山	烤箱	SH-1
9	2019年4月	广州	彩电	BJ-1
10	2019年4月	广州	电冰箱	BCD
11	2019年4月	广州	微波炉	NN-K
12	2019年4月	广州	洗衣机	WM12N
13	2019年4月	广州	空调	KFR
14	2019年4月	宁波	微波炉	NN-K
15	2019年4月	宁波	彩电	BJ-2
16	2019年4月	宁波	洗衣机	WM12N
17	2019年4月	宁波	烤箱	SH-1
18	2019年4月	宁波	空调	KFR
19	2019年4月	上海	彩电	BJ-2
20	2019年4月	上海	音响	JP
21	2019年4月	上海	微波炉	HC
22	2019年4月	上海	电冰箱	BCD
23	2019年4月	上海	电冰箱	KA92
24	2019年4月	深圳	彩电	BJ-2
25	2019年4月	深圳	洗衣机	WM12N
26	2019年4月	深圳	洗衣机	FG100

图6-3 按地区排序后的效果

6.1.2 多条件排序

第1步　选择"家电销售表"中的任意数据，单击【数据】选项卡下的【排序和筛选】选项组内的【排序】按钮，弹出【排序】对话框，分别设置【主要关键字】为【地区】，【排序依据】为【单元格值】，【次序】为【升序】，单击【添加条件】按钮，如图6-4所示。

第2步　分别设置【次要关键字】为【销售总额】，【排序依据】为【单元格值】，【次序】为【降序】，单击【确定】按钮，如图6-5所示。

第3步　完成对工作表的排序，效果如图6-6所示。

图6-4 设置主要关键字的排序方式

图6-5 设置次要关键字的排序方式

	A	B	C	D	E	F	G
1	日期	地区	产品	型号	数量	单价	销售总额
2	2019年4月	佛山	音响	JP	33	8000	264000
3	2019年4月	佛山	电冰箱	BCD	32	6999	223968
4	2019年4月	佛山	空调	KFR	31	4599	142569
5	2019年4月	佛山	洗衣机	WM12N	18	3699	66582
6	2019年4月	佛山	彩电	BJ-1	18	3600	64800
7	2019年4月	佛山	电冰箱	KA92	10	5699	56990
8	2019年4月	佛山	烤箱	SH-1	26	520	13520
9	2019年4月	广州	空调	KFR	35	4599	160965
10	2019年4月	广州	电冰箱	BCD	20	6999	139980
11	2019年4月	广州	微波炉	NN-K	23	4100	94300
12	2019年4月	广州	彩电	BJ-1	20	3600	72000
13	2019年4月	广州	洗衣机	WM12N	18	3699	66582
14	2019年4月	宁波	彩电	BJ-2	15	5900	88500
15	2019年4月	宁波	微波炉	NN-K	20	4100	82000
16	2019年4月	宁波	洗衣机	WM12N	20	3699	73980
17	2019年4月	宁波	空调	KFR	12	4599	55188
18	2019年4月	宁波	烤箱	SH-1	26	520	13520
19	2019年4月	上海	音响	JP	23	8000	184000
20	2019年4月	上海	电冰箱	BCD	19	6999	132981
21	2019年4月	上海	彩电	BJ-2	15	5900	88500
22	2019年4月	上海	电冰箱	KA92	10	5699	56990
23	2019年4月	上海	微波炉	HC	25	519	12975
24	2019年4月	深圳	电冰箱	BCD	30	6999	209970
25	2019年4月	深圳	音响	JP	23	8000	184000
26	2019年4月	深圳	彩电	BJ-2	20	5900	118000
27	2019年4月	深圳	空调	KFR	25	4599	114975
28	2019年4月	深圳	洗衣机	WM12N	18	3699	66582

图6-6 完成排序后的效果

6.1.3 自定义排序

第1步 选择数据区域中的任意单元格,单击【数据】选项卡下的【排序和筛选】选项组内的【排序】按钮,在弹出的【排序】对话框中,分别设置【主要关键字】为【产品】,【排序依据】为【单元格值】,【次序】为【自定义序列】,如图6-7所示。

图6-7 设置自定义排序

第2步 弹出如图6-8所示的【自定义序列】对话框,在【自定义序列】选项卡下【输入序列】文本框内依次输入"彩电、电冰箱、烤箱、空调、微波炉、洗衣机、音响",每输入一个条目后按【Enter】键换行,输入完成后单击【添加】按钮。单击【确定】按钮,返回【排序】对话框。

第3步 在【排序】对话框中看到自定义的序列，单击【确定】，如图6-9所示。

图6-8 【自定义序列】对话框　　　　　　　　　图6-9 自定义的序列

第4步 "产品"列数据按照自定义的序列进行排序，自定义排序后的效果如图6-10所示。

	A	B	C	D	E	F	G
1	日期	地区	产品	型号	数量	单价	销售总额
2	2019年4月	佛山	彩电	BJ-1	18	3600	64800
3	2019年4月	广州	彩电	BJ-1	20	3600	72000
4	2019年4月	宁波	彩电	BJ-2	15	5900	88500
5	2019年4月	上海	彩电	BJ-2	15	5900	88500
6	2019年4月	深圳	彩电	BJ-2	20	5900	118000
7	2019年4月	佛山	电冰箱	BCD	32	6999	223968
8	2019年4月	广州	电冰箱	BCD	20	6999	139980
9	2019年4月	上海	电冰箱	BCD	19	6999	132981
10	2019年4月	上海	电冰箱	KA92	10	5699	56990
11	2019年4月	深圳	电冰箱	BCD	30	6999	209970
12	2019年4月	佛山	烤箱	SH-1	26	520	13520
13	2019年4月	宁波	烤箱	SH-1	26	520	13520
14	2019年4月	深圳	烤箱	SH-1	26	520	13520
15	2019年4月	佛山	空调	KFR	31	4599	142569
16	2019年4月	广州	空调	KFR	35	4599	160965
17	2019年4月	宁波	空调	KFR	12	4599	55188
18	2019年4月	深圳	空调	KFR	25	4599	114975
19	2019年4月	广州	微波炉	NN-K	23	4100	94300
20	2019年4月	宁波	微波炉	NN-K	20	4100	82000
21	2019年4月	上海	微波炉	HC	25	519	12975
22	2019年4月	深圳	微波炉	HC	43	519	22317
23	2019年4月	佛山	洗衣机	WM12N	18	3699	66582
24	2019年4月	广州	洗衣机	WM12N	18	3699	66582
25	2019年4月	宁波	洗衣机	WM12N	20	3699	73980
26	2019年4月	深圳	洗衣机	WM12N	18	3699	66582
27	2019年4月	佛山	音响	JP	33	8000	264000
28	2019年4月	上海	音响	JP	23	8000	184000
29	2019年4月	深圳	音响	JP	23	8000	184000

图6-10 自定义排序后的效果

6.2 筛选数据

6.2.1 单条件筛选

第1步 选择数据区域中的任意单元格，单击【数据】选项卡下【排序与筛选】选项组内的【筛选】按钮，如图6-11所示。

图 6-11 【筛选】按钮

第 2 步　工作表自动进入筛选状态，每列的标题下面出现一个下拉按钮，单击 B1 单元格的下拉按钮，进入筛选状态，如图 6-12 所示。

第 3 步　在弹出的下拉列表框中勾选【宁波】复选框，单击【确定】按钮，如图 6-13 所示。

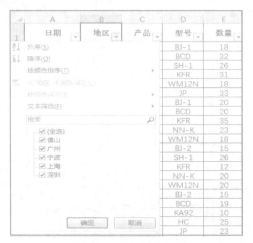

图 6-12　进入筛选状态

图 6-13　勾选【宁波】复选框

第 4 步　将宁波地区销售的信息筛选出来，结果如图 6-14 所示。

	A	B	C	D	E	F	G
1	日期	地区	产品	型号	数量	单价	销售总额
13	2019年4月	宁波	彩电	BJ-2	15	5900	88500
14	2019年4月	宁波	烤箱	SH-1	26	520	13520
15	2019年4月	宁波	空调	KFR	12	4599	55188
16	2019年4月	宁波	微波炉	NN-K	20	4100	82000
17	2019年4月	宁波	洗衣机	WM12N	20	3699	73980

图 6-14　筛选结果

6.2.2　多条件筛选

第 1 步　选择数据区域中的任意单元格，单击【数据】选项卡下【排序与筛选】选项组内的【筛选】按钮，工作表自动进入筛选状态，每列的标题下面出现一个下拉按钮，单击 C1 单元格的下拉按钮，进入筛选状态，如图 6-15 所示。

第 2 步　在弹出的下拉列表框中勾选【彩电】和【空调】复选框，单击【确定】按钮，如图 6-16 所示。

图 6-15 进入筛选状态

第 3 步 筛选出与彩电和空调有关的所有数据，多条件筛选结果如图 6-17 所示。

	A	B	C	D	E	F	G
1	日期	地区	产品	型号	数量	单价	销售总额
2	2019年4月	佛山	彩电	BJ-1	18	3600	64800
5	2019年4月	佛山	空调	KFR	31	4599	142569
8	2019年4月	广州	彩电	BJ-1	20	3600	72000
10	2019年4月	广州	空调	KFR	35	4599	160965
13	2019年4月	宁波	彩电	BJ-2	15	5900	88500
15	2019年4月	宁波	空调	KFR	12	4599	55188
18	2019年4月	上海	彩电	BJ-2	15	5900	88500
23	2019年4月	深圳	彩电	BJ-2	20	5900	118000
26	2019年4月	深圳	空调	KFR	25	4599	114975

图 6-16 勾选【彩电】和【空调】复选框　　　　图 6-17 多条件筛选结果

6.2.3 高级筛选

如果要将"家电销售表"中，"广州地区销售数量大于 20 和深圳地区销售数量小于 26"的数据筛选出来，则可以使用高级筛选功能设置多个复杂筛选条件来实现，具体操作步骤如下。

第 1 步 在 A30:B32 单元格区域输入条件数据，如图 6-18 所示。

第 2 步 选择数据区域中的任意单元格，单击【数据】选项卡下【排序与筛选】选项组中的【高级】按钮，如图 6-19 所示。

30	地区	数量
31	广州	>20
32	深圳	<26

图 6-18 输入条件数据

图 6-19 【高级】按钮

第 3 步 弹出【高级筛选】对话框，在【方式】选项区域内选择【将筛选结果复制到其他位置】单选按钮，单击【列表区域】文本框旁边的【折叠】按钮，弹出【高级筛选-列表区域】的对话框，选择左边需要的数据区域时，该对话框会自动显示出单元格引用地址，如图 6-20 所示。

	A	B	C	D	E	F	G
1	日期	地区	产品	型号	数量	单价	销售总额
2	2019年4月	佛山	彩电	BJ-1	18	3600	64800
3	2019年4月	佛山	电冰箱	BCD	32	6999	223968
4	2019年4月	佛山	烤箱	SH-1	26	520	13520

高级筛选 - 列表区域
销售记录表!$A$1:$G$28

图 6-20　设置【高级筛选 – 列表区域】

第 4 步　用同样的方法，分别设置【条件区域】和【复制到】的数据区域，单击【确定】按钮，如图 6-21 所示。

第 5 步　筛选出满足条件的数据，结果如图 6-22 所示。

高级筛选

方式
○ 在原有区域显示筛选结果(F)
● 将筛选结果复制到其他位置(C)

列表区域(L): $A$1:$G$28
条件区域(C): $A$30:$B$32
复制到(T): $A$34:$G$34

□ 选择不重复的记录(R)

确定　　取消

图 6-21　设置条件区域和复制区域

	A	B	C	D	E	F	G
26	2019年4月	深圳	微波炉	HC	43	519	22317
27	2019年4月	深圳	洗衣机	WM12N	18	3699	66582
28	2019年4月	深圳	音响	JP	23	8000	184000
29							
30	地区	数量					
31	广州	>20					
32	深圳	<26					
33							
34	日期	地区	产品	型号	数量	单价	销售总额
35	2019年4月	广州	空调	KFR	35	4599	160965
36	2019年4月	广州	微波炉	NN-K	23	4100	94300
37	2019年4月	深圳	彩电	BJ-2	20	5900	118000
38	2019年4月	深圳	空调	KFR	25	4599	114975
39	2019年4月	深圳	洗衣机	WM12N	18	3699	66582
40	2019年4月	深圳	音响	JP	23	8000	184000

图 6-22　筛选的结果

6.3 ▶ 分类汇总

6.3.1　创建分类汇总

第 1 步　选择"地区"列中任意单元格，单击【数据】选项卡下【排序与筛选】选项组内的【降序】按钮，可将数据以"地区"为依据进行降序排列，排列结果如图 6-23 所示。

	A	B	C	D	E	F	G
1	日期	地区	产品	型号	数量	单价	销售总额
2	2019年4月	深圳	彩电	BJ-2	20	5900	118000
3	2019年4月	深圳	电冰箱	BCD	30	6999	209970
4	2019年4月	深圳	烤箱	SH-1	26	520	13520
5	2019年4月	深圳	空调	KFR	25	4599	114975
6	2019年4月	深圳	微波炉	HC	43	519	22317
7	2019年4月	深圳	洗衣机	WM12N	18	3699	66582
8	2019年4月	深圳	音响	JP	23	8000	184000
9	2019年4月	上海	彩电	BJ-2	15	5900	88500
10	2019年4月	上海	电冰箱	BCD	19	6999	132981
11	2019年4月	上海	微波炉	HC	25	519	12975
12	2019年4月	上海	音响	JP	23	8000	184000
13	2019年4月	宁波	彩电	BJ-2	15	5900	88500
14	2019年4月	宁波	烤箱	SH-1	26	520	13520
15	2019年4月	宁波	空调	KFR	12	4599	55188
16	2019年4月	宁波	微波炉	NN-K	20	4100	82000
17	2019年4月	宁波	洗衣机	WM12N	20	3699	73980
18	2019年4月	广州	彩电	BJ-1	20	3600	72000
19	2019年4月	广州	电冰箱	BCD	20	6999	139980
20	2019年4月	广州	空调	KFR	35	4599	160965
21	2019年4月	广州	微波炉	NN-K	23	4100	94300
22	2019年4月	广州	洗衣机	WM12N	18	3699	66582
23	2019年4月	佛山	彩电	BJ-1	18	3600	64800
24	2019年4月	佛山	电冰箱	BCD	32	6999	223968
25	2019年4月	佛山	烤箱	SH-1	26	520	13520
26	2019年4月	佛山	空调	KFR	31	4599	142560
27	2019年4月	佛山	洗衣机	WM12N	18	3699	66582
28	2019年4月	佛山	音响	JP	33	8000	264000

图 6-23　降序排列结果

第 2 步　单击【数据】选项卡下【分级显示】选项组内的【分类汇总】按钮，弹出如图 6-24 所示的【分类汇总】对话框，分别设置【分类字段】为【地区】，【汇总方式】为【求和】，在【选定汇总项】列表框中勾选【销售总额】复选框，单击【确定】按钮。

第 3 步　对销售记录表以"地区"为类别的销售总额进行分类汇总，结果如图 6-25所示。

图 6-24　【分类汇总】对话框

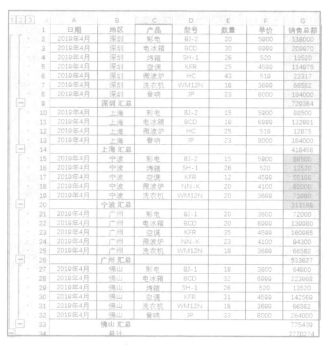

图 6-25　分类汇总的结果

6.3.2　清除分类汇总

如果不再需要对数据进行分类汇总，则可以选择清除分类汇总，具体操作步骤如下。

第 1 步　在创建好的分类汇总表格中，单击数据区域中的任意单元格，如图 6-26 所示。

	A	B	C	D	E	F	G
1	日期	地区	产品	型号	数量	单价	销售总额
2	2019年4月	深圳	彩电	BJ-2	20	5900	118000
3	2019年4月	深圳	电冰箱	BCD	30	6999	209070
4	2019年4月	深圳	烤箱	SH-1	26	520	13520
5	2019年4月	深圳	空调	KFR	25	4599	114075
6	2019年4月	深圳	微波炉	HC	43	519	22317
7	2019年4月	深圳	洗衣机	WM12N	18	3699	66582
8	2019年4月	深圳	音响	JP	23	8000	184000
9		深圳 汇总					729364
10	2019年4月	上海	彩电	BJ-2	15	5900	88500
11	2019年4月	上海	电冰箱	BCD	19	6999	132981
12	2019年4月	上海	微波炉	HC	25	519	12975
13	2019年4月	上海	音响	JP	23	8000	184000
14		上海 汇总					418456
15	2019年4月	宁波	彩电	BJ-2	15	5900	88500
16	2019年4月	宁波	烤箱	SH-1	26	520	13520
17	2019年4月	宁波	空调	KFR	12	4599	55188
18	2019年4月	宁波	微波炉	NN-K	20	4100	82000
19	2019年4月	宁波	洗衣机	WM12N	20	3699	73980
20		宁波 汇总					313188

图 6-26　单击数据区域任意单元格

第 2 步　单击【数据】选项卡下【分级显示】选项组内的【分类汇总】按钮，在弹出的【分类汇总】对话框中单击【全部删除】按钮，如图 6-27 所示。

第 3 步　分类汇总全部删除，效果如图 6-28 所示。

图 6-27　清除分类汇总

	A	B	C	D	E	F	G
1	日期	地区	产品	型号	数量	单价	销售总额
2	2019年4月	深圳	彩电	BJ-2	20	5900	118000
3	2019年4月	深圳	电冰箱	BCD	30	6999	209970
4	2019年4月	深圳	烤箱	SH-1	26	520	13520
5	2019年4月	深圳	空调	KFR	25	4599	114975
6	2019年4月	深圳	微波炉	HC	43	519	22317
7	2019年4月	深圳	洗衣机	WM12N	18	3699	66582
8	2019年4月	深圳	音响	JP	23	8000	184000
9	2019年4月	上海	彩电	BJ-2	15	5900	88500
10	2019年4月	上海	电冰箱	BCD	19	6999	132981
11	2019年4月	上海	微波炉	HC	25	519	12975
12	2019年4月	上海	音响	JP	23	8000	184000
13	2019年4月	宁波	彩电	BJ-2	15	5900	88500
14	2019年4月	宁波	烤箱	SH-1	26	520	13520
15	2019年4月	宁波	空调	KFR	12	4599	55188
16	2019年4月	宁波	微波炉	NN-K	20	4100	62000
17	2019年4月	宁波	洗衣机	WM12N	20	3699	73980
18	2019年4月	广州	彩电			3800	72000

图 6-28　删除分类汇总后的效果

6.4　创建数据透视表和数据透视图

数据透视表和数据透视图可以将筛选、排序和分类汇总等操作依次完成，并生产汇总表格，对数据的分析和处理有很大的帮助。

6.4.1　创建数据透视表

第 1 步　选择"家电销售表"中任意一个单元格，单击【插入】选项卡下【表格】选项组中的【数据透视表】按钮，如图 6-29 所示。

第 2 步　弹出如图 6-30 所示【创建数据透视表】对话框，选择【请选择要分析的数据】选项区域中的【选择一个表或区域】单选按钮，单击【表 / 区域】文本框右侧的按钮。

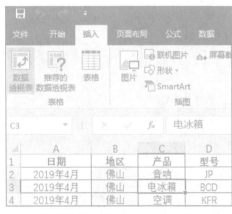

图 6-29　【数据透视表】按钮

图 6-30　【创建数据透视表】对话框

第3步 在工作表中选择数据区域，单击 ▦ 按钮，如图 6-31 所示。

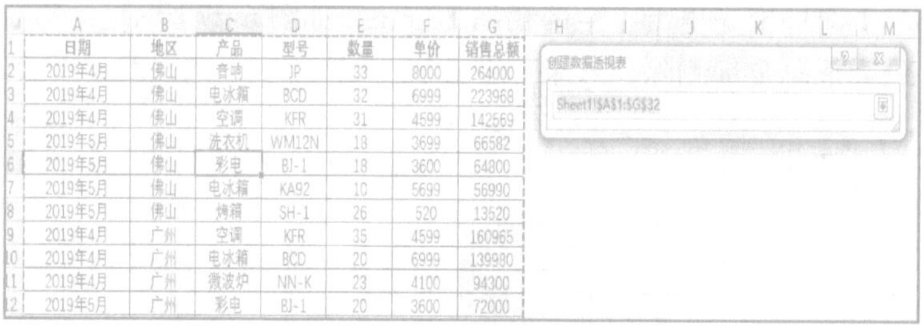

图 6-31 选择数据区域

第4步 选择【选择放置数据透视表的位置】选择区域的【现有工作表】单选按钮，单击【位置】文本框右侧的 ⬆ 按钮，选择位置为 I3 单元格，单击 ▦ 按钮，单击【确定】按钮，如图 6-32 所示。

第5步 创建数据透视表，如图 6-33 所示。

图 6-32 选择放置数据透视表的位置

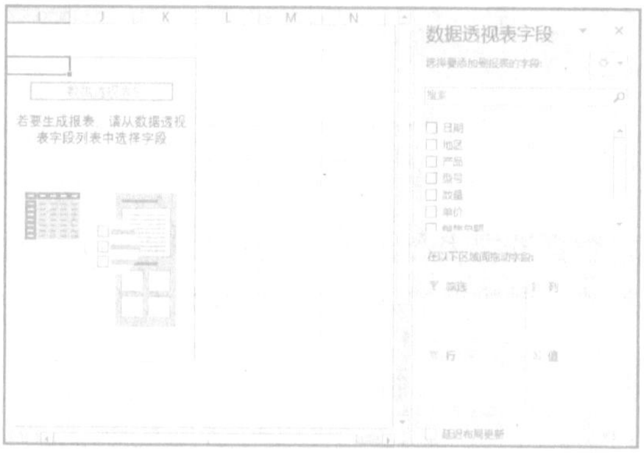

图 6-33 创建数据透视表

第6步 在【数据透视表字段】窗格中，将【日期】拖入【筛选】列表框，将【地区】拖入【列】列表框，将【产品】拖入【行】列表框，将【销售总额】拖入【值】列表框，即可生成数据透视表，如图 6-34 所示。

第7步 在【日期】筛选项下拉列表中，可以选择不同时间，如选择【2019年4月】，如图 6-35 所示。

图 6-34 生成数据透视表

图 6-35 选择不同时间

第8步 【2019年4月】各个地区不同产品的销售总额如图 6-36 所示。

Office 2016 高级办公应用

日期	2019年4月								
求和项:销售总额	列标签								
行标签	彩电	电冰箱	烤箱	空调	微波炉	洗衣机	音响	总计	
佛山		223968		142569			264000	630537	
广州		139980		160965	94300			395245	
宁波	88500		13520					102020	
上海		132981					184000	316981	
深圳	118000	209970		114975		66582	184000	693527	
总计	206500	706899	13520	418509	94300	66582	632000	2138310	

图 6-36　选择指定时期的结果

6.4.2　创建数据透视图

与数据透视表不同，数据透视图可以更直观地展示数据的数量和变化，以便使用者更容易地从数据透视图中找到数据的变化规律和趋势。

第 1 步　创建数据透视图，首先整理数据源，选择数据透视表的【日期】中的【全部】，如图 6-37 所示。

日期	(全部)								
求和项:销售总额	列标签								
行标签	彩电	电冰箱	烤箱	空调	微波炉	洗衣机	音响	总计	
佛山	64800	280958	13520	142569			66582	264000	832429
广州	72000	139980		160965	94300	66582		533827	
宁波	88500		13520	55188	82000	73980		313188	
上海	88500	189971			12975		184000	475446	
深圳	118000	266960	13520	114975	22317	128659	184000	848431	
总计	431800	877869	40560	473697	211592	335803	632000	3003321	

图 6-37　选择全部日期

第 2 步　创建数据透视图，有以下两种方法。

第一种方法是，选择数据透视表中任意一个单元格，单击【数据透视表工具 / 分析】选项卡【工具】选项组中的【数据透视图】按钮，如图 6-38 所示。

图 6-38　创建数据透视图方法一

第二种方法是，选择数据透视表格中的任意一个单元格，单击【插入】选项卡下【图表】选项组中【数据透视图】下拉列表中的【数据透视图】选项，如图 6-39 所示。

图 6-39　创建数据透视图方法二

第 3 步　弹出如图 6-40 所示的【插入图表】对话框，选择【柱形图】，单击【确定】按钮。

第 4 步　在工作表创建数据透视图，效果如图 6-41 所示。

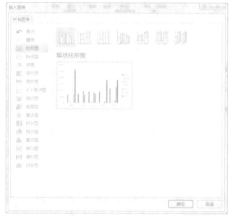

图 6-40 【插入图表】对话框

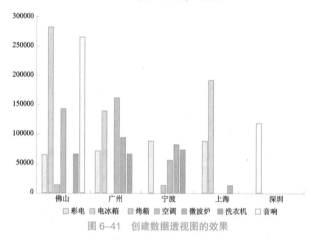

图 6-41 创建数据透视图的效果

拓展训练

本拓展训练对如图 6-42 所示的"学生成绩表"进行数据处理和分析。

系部	班级	姓名	性别	应用文写作	商务英语	形势与政策	计算机基础	总分
信息工程系	通信171	蒋思超	男	90.0	87.0	87.0	69.0	333.0
信息工程系	通信171	孙思宜	女	94.0	64.0	63.0	95.0	316.0
信息工程系	通信171	高妍嵋	男	73.0	84.0	70.0	68.0	295.0
信息工程系	通信171	朱盛杰	男	93.0	80.0	76.0	80.0	329.0
信息工程系	通信171	吴甜	女	75.0	94.0	100.0	70.0	339.0
信息工程系	通信171	张珂冉	女	94.0	86.0	80.0	93.0	333.0
包装印刷系	包装172	李慧斌	男	50.0	87.7	76.0	77.0	290.7
包装印刷系	包装172	杨楸勋	男	62.0	80.0	64.0	75.0	281.0
包装印刷系	包装172	肖睿	男	61.0	67.0	70.0	46.0	244.0
包装印刷系	包装172	陈炜伟	女	73.0	99.0	68.0	49.0	289.0
包装印刷系	包装172	施永乐	女	95.0	75.0	85.0	64.0	319.0
包装印刷系	包装172	典城	男	74.0	99.0	88.0	63.0	324.0
包装印刷系	包装172	凌继敏	女	82.0	91.0	78.0	95.0	346.0
现代服务系	商英171	唐一杰	男	58.0	56.0	72.0	78.0	264.0
现代服务系	商英171	徐心洁	女	83.0	88.0	90.0	80.0	341.0
现代服务系	商英171	赖文明	女	81.0	91.0	85.0	92.0	349.0
现代服务系	商英171	梁洁	男	83.0	92.0	87.0	96.0	358.0
现代服务系	商英171	黄昱	男	86.0	69.0	86.0	96.0	337.0
现代服务系	商英171	黄韵	女	99.0	74.0	77.0	83.0	333.0
现代服务系	商英171	薛伟	男	74.0	90.0	68.0	85.0	317.0
装备制造系	模具173	马宁	女	70.0	94.0	76.0	61.0	301.0
装备制造系	模具173	马薛雯	女	76.0	90.0	83.0	99.0	348.0
装备制造系	模具173	凤丽拼	女	68.0	64.0	60.0	72.0	264.0
装备制造系	模具173	王一炜	男	88.0	85.0	74.0	93.0	340.0
装备制造系	模具173	祝欣怡	女	95.0	92.0	87.0	92.0	366.0
装备制造系	模具173	王晔	女	80.0	64.0	76.0	75.0	295.0
装备制造系	模具173	徐青青	女	64.0	94.0	85.0	95.0	338.0

图 6-42 "学生成绩表"

Office 2016 高级办公应用

1. 单条件排序

将“总分”列数据按从大到小的顺序降序排列，效果如图 6-43 所示。

	A	B	C	D	E	F	G	H	I
1	系部	班级	姓名	性别	应用文写作	英语	形势与政策	高等数学	总分
2	包装印刷系	包装172	凌维敏	女	95.0	92.0	87.0	92.0	366.0
3	现代服务系	商英171	蒋韵	女	83.0	92.0	87.0	96.0	358.0
4	信息工程系	通信171	朱盛杰	男	81.0	91.0	85.0	92.0	349.0
5	信息工程系	通信171	张俊超	女	76.0	90.0	83.0	99.0	348.0
6	信息工程系	通信171	孙磊	男	82.0	91.0	78.0	95.0	346.0
7	包装印刷系	包装172	龚城	男	83.0	88.0	90.0	80.0	341.0
8	装备制造系	模具173	马薛雯	女	88.0	85.0	74.0	93.0	340.0
9	包装印刷系	包装172	陈谌炜	女	75.0	94.0	100.0	70.0	339.0
10	现代服务系	商英171	梁浩	女	64.0	94.0	85.0	95.0	338.0
11	现代服务系	商英171	黄昱	女	86.0	69.0	86.0	96.0	337.0
12	包装印刷系	包装172	肖睿	女	90.0	87.0	87.0	69.0	333.0
13	包装印刷系	包装172	杨慈勋	男	94.0	86.0	60.0	93.0	333.0
14	装备制造系	模具173	祝欣怡	女	99.0	74.0	77.0	83.0	333.0
15	包装印刷系	包装172	李慧斌	男	93.0	80.0	76.0	80.0	329.0
16	信息工程系	通信171	蒋思超	男	74.0	99.0	88.0	63.0	324.0
17	装备制造系	模具173	马宁	女	95.0	75.0	85.0	64.0	319.0
18	装备制造系	模具173	王一玮	男	74.0	90.0	68.0	85.0	317.0
19	装备制造系	模具173	凤丽琳	女	94.0	64.0	63.0	95.0	316.0
20	装备制造系	模具173	徐青青	女	70.0	94.0	76.0	61.0	301.0
21	现代服务系	商英171	唐一杰	男	73.0	84.0	70.0	68.0	295.0
22	现代服务系	商英171	顾宝安	女	80.0	64.0	76.0	75.0	295.0
23	信息工程系	通信171	高晓峰	男	50.0	87.7	76.0	77.0	290.7
24	信息工程系	通信171	吴俊杰	男	73.0	99.0	68.0	49.0	289.0
25	装备制造系	模具173	王晔	女	62.0	80.0	64.0	75.0	281.0
26	现代服务系	商英171	薛伟	男	58.0	56.0	72.0	78.0	264.0
27	现代服务系	商英171	徐斌	女	68.0	64.0	60.0	72.0	264.0
28	包装印刷系	包装172	施永斌	男	61.0	67.0	70.0	46.0	244.0

图 6–43　单条件排序的结果

2. 多条件排序

设置【主关键字】为【总分】，按降序排列；设置【次要关键字】为【高等数学】，按升序排列。排序效果如图 6-44 所示。

	A	B	C	D	E	F	G	H	I
1	系部	班级	姓名	性别	应用文写作	英语	形势与政策	高等数学	总分
2	包装印刷系	包装172	凌维敏	女	95.0	92.0	87.0	92.0	366.0
3	现代服务系	商英171	蒋韵	女	83.0	92.0	87.0	96.0	358.0
4	信息工程系	通信171	朱盛杰	男	81.0	91.0	85.0	92.0	349.0
5	信息工程系	通信171	张俊超	女	76.0	90.0	83.0	99.0	348.0
6	信息工程系	通信171	孙磊	男	82.0	91.0	78.0	95.0	346.0
7	包装印刷系	包装172	龚城	男	83.0	88.0	90.0	80.0	341.0
8	装备制造系	模具173	马薛雯	女	88.0	85.0	74.0	93.0	340.0
9	包装印刷系	包装172	陈谌炜	女	75.0	94.0	100.0	70.0	339.0
10	现代服务系	商英171	梁浩	女	64.0	94.0	85.0	95.0	338.0
11	现代服务系	商英171	黄昱	女	86.0	69.0	86.0	96.0	337.0
12	包装印刷系	包装172	肖睿	女	90.0	87.0	87.0	69.0	333.0
13	装备制造系	模具173	祝欣怡	女	99.0	74.0	77.0	83.0	333.0
14	包装印刷系	包装172	杨慈勋	男	94.0	86.0	60.0	93.0	333.0
15	包装印刷系	包装172	李慧斌	男	93.0	80.0	76.0	80.0	329.0
16	信息工程系	通信171	蒋思超	男	74.0	99.0	88.0	63.0	324.0
17	装备制造系	模具173	马宁	女	95.0	75.0	85.0	64.0	319.0
18	装备制造系	模具173	王一玮	男	74.0	90.0	68.0	85.0	317.0
19	装备制造系	模具173	凤丽琳	女	94.0	64.0	63.0	95.0	316.0
20	装备制造系	模具173	徐青青	女	70.0	94.0	76.0	61.0	301.0
21	现代服务系	商英171	唐一杰	男	73.0	84.0	70.0	68.0	295.0
22	现代服务系	商英171	顾宝安	女	80.0	64.0	76.0	75.0	295.0
23	信息工程系	通信171	高晓峰	男	50.0	87.7	76.0	77.0	290.7
24	信息工程系	通信171	吴俊杰	男	73.0	99.0	68.0	49.0	289.0
25	装备制造系	模具173	王晔	女	62.0	80.0	64.0	75.0	281.0
26	现代服务系	商英171	徐斌	女	68.0	64.0	60.0	72.0	264.0
27	现代服务系	商英171	薛伟	男	58.0	56.0	72.0	78.0	264.0
28	包装印刷系	包装172	施永斌	男	61.0	67.0	70.0	46.0	244.0

图 6–44　多条件排序的结果

3. 自动筛选

筛选出所有的女学生，效果如图 6-45 所示。

图 6-45 自动筛选的结果

4. 高级筛选

筛选出"应用文写作""英语""形势与政策""高等数学"四门课程中不及格的学生数，结果如图 6-46 所示。

图 6-46 高级筛选的结果

5. 创建分类汇总

分别设置【分类字段】为【班级】，【汇总方式】为【求平均值】，在【选定汇总项】列表框中勾选【应用文写作】【英语】【形势与政策】【高等数据】复选框，结果如图 6-47 所示。

图 6-47 创建分类汇总的结果

6. 创建数据透视表

在【数据透视表字段列表】窗格中将【班级】字段拖至【筛选】列表框,将【姓名】字段拖至【行】列表框,将【性别】字段拖至【列】列表框,将【应用文写作】字段拖至【数值】列表框,效果如图 6-48 所示。

	A	B	C	D
1	班级	(全部)		
2				
3	平均值项:应用文写作	性别		
4	姓名	男	女	总计
5	陈湛炜		73	73
6	费城	74		74
7	凤丽琳		68	68
8	高晓峰	73		73
9	顾宝安		81	81
10	黄显		86	86
11	蒋思超	90		90
12	蒋韵		99	99
13	李慧斌	50		50
14	梁浩		83	83
15	凌维敏		82	82
16	马宁		70	70
17	马薛雯		76	76
18	施永斌	95		95
19	孙磊	94		94
20	唐一杰	58		58
21	王晔		80	80
22	王一玮	88		88
23	吴俊杰	75		75
24	肖睿		61	61
25	徐斌		83	83
26	徐青青		64	64
27	薛伟	74		74
28	杨慈勋	62		62
29	张俊超		94	94
30	朱盛杰	93		93
31	祝欣怡		95	95
32	总计	77.16666667	79.66666667	78.55555556

图 6-48　创建数据透视表的效果

7. 创建数据透视图

根据数据透视表中数据,创建二维柱状图,效果如图 6-49 所示。

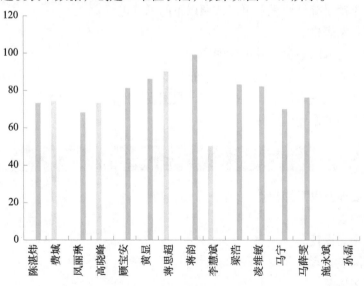

图 6-49　创建数据透视图的效果

任务7　应用图表
——制作轿车销量统计图表

任务描述

可以在 Excel 2016 的图表中将数据图形化，以便更加直观地显示数据，使数据的统计结果更直观、更形象，并能够清晰地反映数据的变化规律和发展趋势。本任务以制作"轿车销量统计图表"为例介绍创建图表、图表的设置和调整、添加图表元素及创建迷你图等操作。在制作时需要注意以下几点。

（1）表格的设计要合理，以便很好地传达图表的信息。

（2）Excel 2016 提供了不同的图表类型，每一类型图表所反映的数据主题不同，要根据所表达的主题选择合适的图表。

（3）图表中可以添加适当的图表元素，更直观地反映图表信息。

设计思路

制作"轿车销量统计图表"可以按照以下的思路进行。

（1）整理数据表格。

（2）选择合适的图表类型并创建图表。

（3）设置并调整图表的位置、大小、布局等。

（4）添加并设置图表标题、数据标签、数据表、网格线及图例等。

（5）根据表格数据创建迷你图。

涉及知识点

本任务主要涉及以下知识点。

（1）创建图表。

（2）调整图表设置。

（3）添加图表元素。

（4）创建迷你图。

7.1 创建图表

1. 使用功能区创建图表

第 1 步　选择 A2:D12 单元格区域，选择【插入】选项卡，在【图表】选项组中可以看到该选项组中包含了多个创建图表的按钮，如图 7-1 所示。

第 2 步　单击【图表】选项组中上方的【插入柱形图或条形图】下拉按钮，在弹出的下拉列表中选择【二维柱形图】选项区域中的【簇状柱形图】选项，如图 7-2 所示。

图 7-1 【图表】选项组

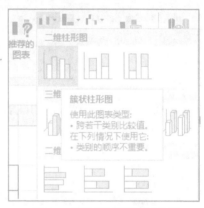

图 7-2 选择【簇状柱形图】选项

第 3 步　在工作表中插入一个柱形图图表，效果如图 7-3 所示。

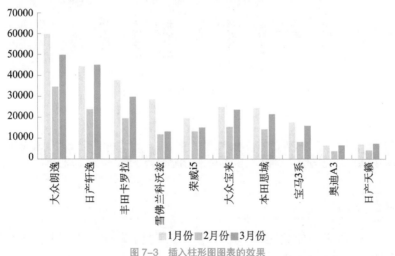

图 7-3 插入柱形图图表的效果

2. 使用图表按钮创建图表

第 1 步　选择 A2:D12 单元格区域，单击【插入】选项卡中【图表】选项组下方的【查看所有图表】按钮，如图 7-4 所示。

第 2 步　弹出【插入图表】对话框，选择【所有图表】选项卡，在【折线图】选项中选择【折线图】选项，单击【确定】按钮，如图 7-5 所示。

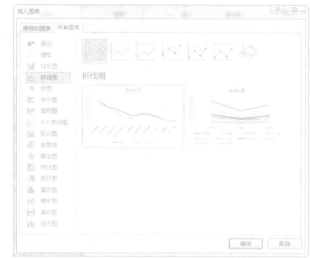

图 7-4　单击【查看所有图表】按钮　　　　　　　图 7-5　选择【折线图】选项

第 3 步　在工作表中创建折线图图表，效果如图 7-6 所示。

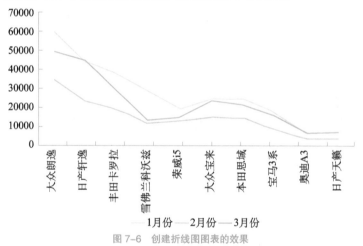

1月份——2月份——3月份

图 7-6　创建折线图图表的效果

7.2 　调整图表设置

7.2.1 　更改数据源

第 1 步　单击图表中任意区域，单击【图表工具 / 设计】选项卡中【数据】选项组
【选择数据】按钮，如图 7-7 所示。

第 2 步　弹出【选择数据源】对话框，单击【图表数据区域】中文本框内的【折叠】
按钮，数据源只选择"车型""1月份""2月份"，如图 7-8 所示。

第 3 步　单击【展开】按钮，返回如图 7-9 所示【选择数据源】对话框，可以看到
【图例项】区域内只勾选了【1月份】和【2月份】，单击【确定】按钮。

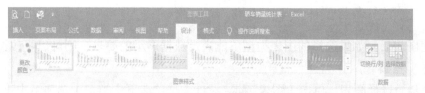

图 7-7　单击【选择数据】按钮

图 7-8　选择数据源

图 7-9　【选择数据源】对话框

第 4 步　设置后的效果如图 7-10 所示。

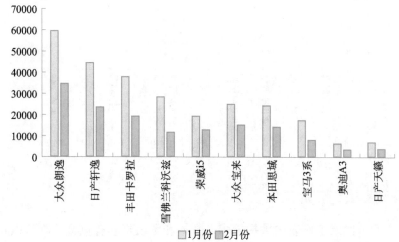

图 7-10　设置后的效果

7.2.2 更改图表类型

创建图表后，如果选择的图表类型不能满足数据展示的要求，则可以更改图表类型，具体操作步骤如下。

第1步 选择图表，单击【图表工具/设计】选项卡下【类型】选项组中【更改图表类型】按钮，如图 7-11 所示。

第2步 弹出如图 7-12 所示【更改图表类型】对话框，选择【所有图表】选项卡中的【折线图】选项，选择【拆线图】，单击【确定】按钮。

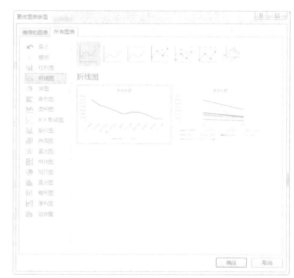

图 7-11 单击【更改图表类型】按钮　　　　图 7-12 【更改图表类型】对话框

第3步 设置后的效果如图 7-13 所示。

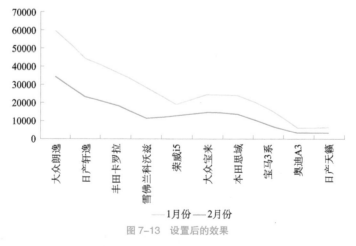

图 7-13 设置后的效果

7.2.3 移动图表到新的工作表

创建图表后，如果工作表中数据较多，数据和图表将会有重叠，则可以将图表移动到新工作表中，具体操作步骤如下。

Office 2016 高级办公应用

第 1 步　选择图表，单击【图表工具 / 设计】选项卡下【位置】选项组中【移动图表】按钮，如图 7-14 所示。

第 2 步　弹出【移动图表】对话框，在【选择放置图表的位置】选项区域中选择【新工作表】单选按钮，单击【确定】按钮，如图 7-15 所示。

图 7-14　单击【移动图表】按钮

图 7-15　选择【新工作表】单选按钮

第 3 步　创建名称为 "Chart1" 的工作表，并在该工作表显示图表，而原始工作表中则不再包含图表，如图 7-16 所示。

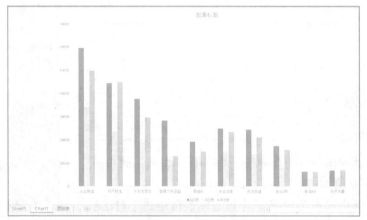

图 7-16　创建 "Chart1" 工作表

第 4 步　在 "Chart1" 工作表中选择图表并单击鼠标右键，在弹出的快捷菜单中选择【移动图表】选项，如图 7-17 所示。

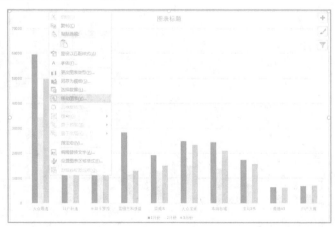

图 7-17　选择【移动图表】选项

第 5 步　弹出如图 7-18 所示【移动图表】对话框，在【选择放置图表的位置】选项区域中选择【对象位于】单选按钮，在文本框中选择【Sheet1】工作表，单击【确定】按钮。

第 6 步　将图表移动至"Sheet1"工作表，并删除了"Chart1"工作表，效果如图 7-19 所示。

图 7-18　【移动图表】对话框

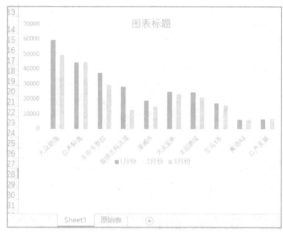

图 7-19　移动图表后的效果

7.2.4　美化图表区和绘图区

1. 美化图表区

第 1 步　选择图表并单击鼠标右键，在弹出的快捷菜单中选择【设置图表区域格式】选项，如图 7-20 所示。

第 2 步　弹出如图 7-21 所示【设置图表区格式】对话框，在【填充】选项区域中选择【渐变填充】单选按钮，【类型】选择【射线】。

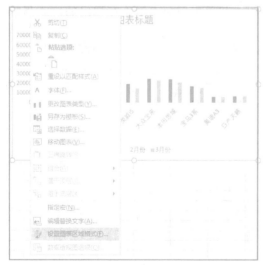

图 7-20　选择【设置图表区域格式】选项

图 7-21　【设置图表区格式】对话框

第3步 进行以上设置时，图表会同时显示设置效果，设置的效果如图 7-22 所示。

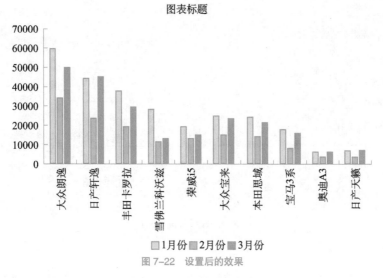

图 7-22　设置后的效果

2. 美化绘图区

第1步 选择图表的绘图区域并单击鼠标右键，在弹出的快捷菜单中选择【设置绘图区格式】选项，如图 7-23 所示。

第2步 弹出如图 7-24 所示【设置绘图区格式】对话框，在【填充】选项区域中选择【纯色填充】单选按钮，【颜色】选择【橙色】；在【边框】选项区域中选择【实线】单选按钮，【颜色】选择【紫色】,【宽度】选择【2磅】。

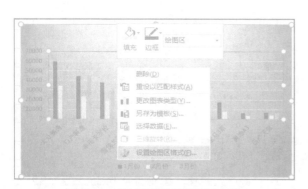

图 7-23　选择【设置绘图区格式】选项

图 7-24　【设置绘图区格式】对话框

第3步 设置后的效果如图 7-25 所示。

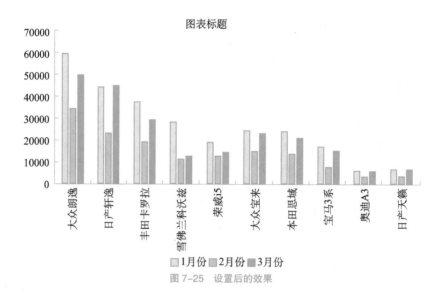

图 7-25 设置后的效果

7.3 添加图表元素

创建图表后，可以在图表中添加图表图标、数据标签、数据表、网格线和图例等元素。

7.3.1 添加图表标题

第 1 步 选择美化后的图表，单击【图表工具 / 设计】选项卡【图表布局】组中【添加图表元素】下拉按钮，如图 7-26 所示。

第 2 步 在弹出的下拉菜单中选择【图表标题】选项，在其右侧的下拉列表中选择【图表上方】选项，如图 7-27 所示。

图 7-26 单击【添加图表元素】下拉按钮

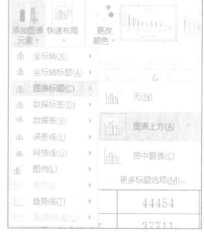

图 7-27 选择【图表上方】选项

第 3 步 选择【图表标题】文本框，并修改其中的内容为"轿车销量统计图表"，即完成图表标题的修改，效果如图 7-28 所示。

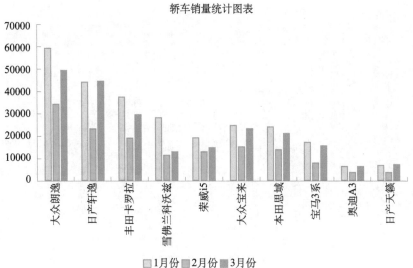

图 7-28 图表标题修改后的效果

7.3.2 添加数据标签

添加数据标签可以直接显示柱形条对应的数值，具体操作步骤如下。

第 1 步 选择图表，单击【图表工具 / 设计】选项卡下【图表布局】选项组中【添加图表元素】下拉菜单中的【数据标签】选项，在其右侧弹出的下拉列表中选择【数据标签外】选项，如图 7-29 所示。

图 7-29 选择【数据标签外】选项

第 2 步 在图表中添加数据标签，效果如图 7-30 所示。

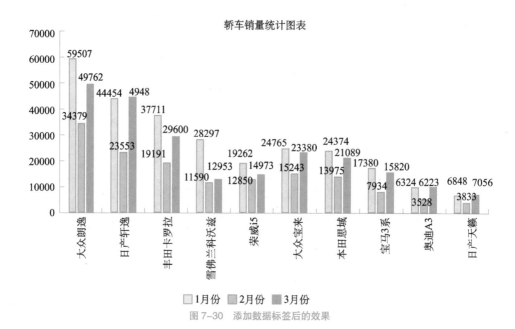

图 7-30　添加数据标签后的效果

7.3.3　添加数据表

第 1 步　选择图表，选择【图表工具 / 设计】选项卡中【图表布局】选项组中【添加图表元素】下拉菜单中的【数据表】选项，在其右侧弹出的下拉列表中选择【显示图例项标示】选项，如图 7-31 所示。

图 7-31　选择【显示图例项标示】选项

第 2 步　设置后的效果如图 7-32 所示。

7.3.4　设置网格线

第 1 步　选择图表，单击【图表工具 / 设计】选项卡中【图表布局】选项组中【添加图表元素】下拉菜单中的【网格线】选项，在其右侧弹出的下拉列表中选择【主轴主要垂直网格线】选项，如图 7-33 所示。

第 2 步　设置后的效果如图 7-34 所示。

轿车销量统计图表

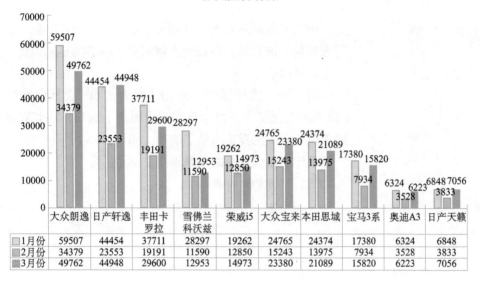

	大众朗逸	日产轩逸	丰田卡罗拉	雪佛兰科沃兹	荣威i5	大众宝来	本田思域	宝马3系	奥迪A3	日产天籁
1月份	59507	44454	37711	28297	19262	24765	24374	17380	6324	6848
2月份	34379	23553	19191	11590	12850	15243	13975	7934	3528	3833
3月份	49762	44948	29600	12953	14973	23380	21089	15820	6223	7056

■1月份 ■2月份 ■3月份

图 7-32　设置后的效果

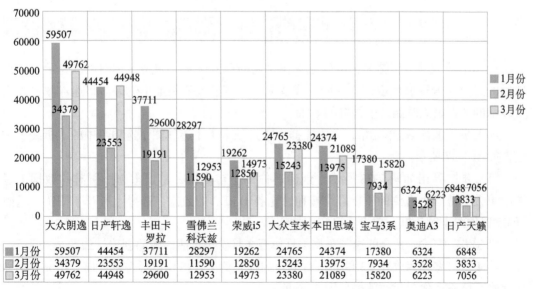

图 7-33　选择【主轴主要垂直网格线】选项

轿车销量统计分析表

	大众朗逸	日产轩逸	丰田卡罗拉	雪佛兰科沃兹	荣威i5	大众宝来	本田思域	宝马3系	奥迪A3	日产天籁
1月份	59507	44454	37711	28297	19262	24765	24374	17380	6324	6848
2月份	34379	23553	19191	11590	12850	15243	13975	7934	3528	3833
3月份	49762	44948	29600	12953	14973	23380	21089	15820	6223	7056

图 7-34　设置后的效果

7.3.5 设置图例显示位置

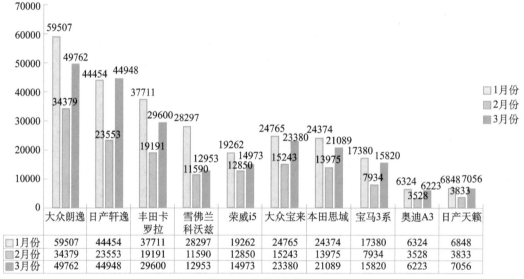

图 7-35 设置图例位置

图例可以显示在图标的顶部、底部、左侧或右侧。为了使图表布局更加合理，可以根据需要更改图例的显示位置。具体操作步骤如下。

第 1 步 选择图表，单击【图表工具 / 设计】选项卡下【添加图表元素】下拉菜单中的【图例】选项，在其右侧弹出的下拉列表中选择【右侧】选项，如图 7-35 所示。

第 2 步 设置后的效果如图 7-36 所示。

轿车销量统计图表

	大众朗逸	日产轩逸	丰田卡罗拉	雪佛兰科沃兹	荣威i5	大众宝来	本田思域	宝马3系	奥迪A3	日产天籁
1月份	59507	44454	37711	28297	19262	24765	24374	17380	6324	6848
2月份	34379	23553	19191	11590	12850	15243	13975	7934	3528	3833
3月份	49762	44948	29600	12953	14973	23380	21089	15820	6223	7056

图 7-36 设置后的效果

7.4 创建迷你图

迷你图是一种小型图表，可放在工作表内的单元格中。使用迷你图可以显示一系列数值的趋势，如季节性增长或降低，或者突出显示最大值和最小值等。将迷你图放在它所表示的数据附近时能产生很好的效果。

第 1 步 选择 E3 单元格，单击【插入】选项卡下【迷你图】选项组中的【折线】按钮，如图 7-37 所示。

第 2 步 弹出如图 7-38 所示【创建迷你图】对话框，单击【选择所需的数据】区域中【数据范围】右侧的【折叠】按钮，选择 B3:D3 的数据，选择【展开】按钮，返回【创建迷你图】对话框，单击【确定】按钮。

第 3 步 完成"大众朗逸"车型 1 月份至 3 月份销量迷你图的创建，如图 7-39 所示。

第 4 步 将光标放在 E3 单元格右下角的控制柄上，按住鼠标左键，向下填充至 E12 单元格，填充迷你图后的效果如图 7-40 所示。

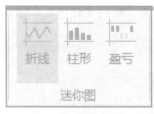

图 7-37 【折线】按钮

图 7-38 【创建迷你图】对话框

2019年1月～3月轿车销量统计表			
车型	1月份	2月份	3月份
大众朗逸	59507	34379	49762
日产轩逸	44454	23553	44948
丰田卡罗拉	37711	19191	29600

图 7-39 完成迷你图的创建

2019年1月～3月轿车销量统计表			
车型	1月份	2月份	3月份
大众朗逸	59507	34379	49762
日产轩逸	44454	23553	44948
丰田卡罗拉	37711	19191	29600
雪佛兰科沃兹	28297	11590	12953
荣威i5	19262	12850	14973
大众宝来	24765	15243	23380
本田思域	24374	13975	21089
宝马3系	17380	7934	15820
奥迪A3	6324	3528	6223
日产天籁	6848	3833	7056

图 7-40 填充迷你图后的效果

✎ 拓展训练

本拓展训练以制作"生活支出统计图表"为例创建图表，具体操作要求如下。

1. 创建图表

打开"2019 年 1 月～4 月生活支出统计表 .xlsx"文件，创建簇状柱形图图表，如图 7-41 所示。

2019年1月～ 4月生活支出统计表					
月份	早午晚餐	私家车费用	水果零食	服饰	化妆用品
1月	1490	200	436	1680	648
2月	1730	500	158	520	108
3月	1890	400	346	750	420
4月	1260	300	258	298	320

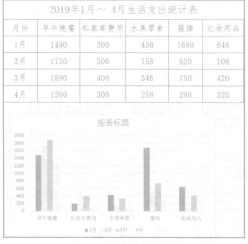

图 7-41 创建簇状柱形图图表

2. 设置并调整图表

根据需要修改图表的数据源，调整图表的类型、样式，最后美化图表和绘图区，如图 7-42 所示。

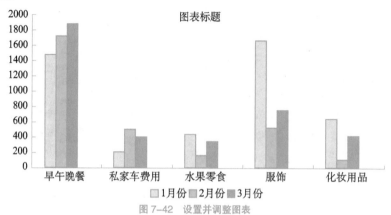

图 7-42　设置并调整图表

3. 添加图表元素

更改图表标题、添加数据标签和数据表，如图 7-43 所示。

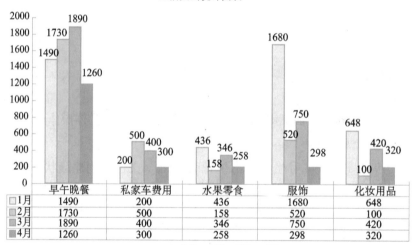

图 7-43　添加图表元素

4. 创建迷你图

为 1 月至 4 月的每一项支出创建迷你图，如图 7-44 所示。

2019年1月— 4月生活支出统计表					
月份	早午晚餐	私家车费用	水果零食	服饰	化妆用品
1月	1490	200	436	1680	648
2月	1730	500	158	520	108
3月	1890	400	346	750	420
4月	1260	300	258	298	320

图 7-44　创建迷你图

任务8 应用公式和函数
——制作员工工资统计表

公式和函数是 Excel 的重要组成部分，灵活地使用公式和函数可以节省处理数据的时间，降低在处理大量数据时的出错率，提高数据分析的能力和效率。本任务通过输入和编辑公式、单元格引用和使用函数计算工资等操作制作一份"员工工资统计表"。

任务描述

"员工工资表"由"员工信息表"和"业绩统计表"这两个工作表组成，每个工作表中的数据都需要对数据进行运算，各个工作表之间也需要使用函数相互调用，最后由两个工作表共同组成"员工工资表"。通过制作"员工工资统计表"能够学习各种公式和函数的使用方法。

设计思路

制作"员工工资统计表"可以按照以下的思路进行。
（1）完善"员工信息表"。
（2）利用公式和函数完善员工"业绩统计表"。
（3）通过调用"员工信息表"和员工"业绩统计表"中的数据完善"员工工资统计表"。
（4）汇总各项工资数据，计算出实发工资。

涉及知识点

本任务主要涉及以下知识点。
（1）输入和编辑公式。
（2）单元格引用。
（3）RANK、MAX、MIN、TEXT 等函数的应用。

任务实现

8.1 ▶ 输入和编辑公式

打开素材文件，可以看到工作簿中包含三个工作表。

"员工工资统计表"工作表：员工工资的最终汇总表，主要记录员工基本信息和各个部分的工资，如图 8-1 所示。

图 8-1 "员工工资统计表"工作表

"员工信息表"工作表：主要记录员工工号、姓名、部门、性别、学历、入职日期、基本工资和五险一金等信息，如图 8-2 所示。

图 8-2 "员工信息表"工作表

"业绩统计表"工作表：主要统计销售利润额和销售提成金额等信息，如图 8-3 所示。

图 8-3 "业绩统计表"工作表

8.1.1　输入公式

在 Excel 中输入公式可以用手动输入和单击输入两种方式。

1. 手动输入

第 1 步　选择"业绩统计表"工作表，在 E3 单元格中输入"C3-D3"，公式会同时出现在单元格和编辑栏中，如图 8-4 所示。

第 2 步　按【Enter】键确认，即可计算出结果，如图 8-5 所示。

		海联公司1月业绩统计表		
编号	姓名	销售总额	销售总成本	销售利润额（元）
001	彭言敏	50000	22500	=C3-D3

图 8-4　输入公式

		海联公司1月业绩统计表		
编号	姓名	销售总额	销售总成本	销售利润额（元）
001	彭言敏	50000	22500	27500

图 8-5　计算结果

第 3 步　将光标放置在 E3 单元格右下角，当光标变为十字形状时，按住鼠标左键向下拖曳至 E17 单元格，即可复制公式并快速填充所选单元格的数据，效果如图 8-6 所示。

	A	B	C	D	E
1			海联公司1月业绩统计表		
2	编号	姓名	销售总额	销售总成本	销售利润额（元）
3	001	彭言敏	50000	22500	27500
4	002	王嫣然	72000	32400	39600
5	003	张洛然	96000	43200	52800
6	004	郑雨彤	103000	46350	56650
7	005	高翔	120000	54000	66000
8	006	王雨	55000	24750	30250
9	007	李伟	85000	38250	46750
10	008	龚雨	102000	45900	56100
11	009	谢婷	62000	27900	34100
12	010	张云腾	73200	32940	40260
13	011	许平安	86300	38835	47465
14	012	梁汉	13100	5895	7205
15	013	张天运	65200	29340	35860
16	014	沈月	34000	15300	18700
17	015	徐海	42300	19035	23265

图 8-6　快速填充数据

2. 单击输入

第 1 步　选择"业绩统计表"工作表，在 E3 单元格中输入"="，如图 8-7 所示。

第 2 步　单击 C3 单元格，单元格周围会显示活动的虚线框，同时编辑栏中会显示"C3"，表示此时单元格已被引用，如图 8-8 所示。

	A	B	C	D	E
1			海联公司1月业绩统计表		
2	编号	姓名	销售总额	销售总成本	销售利润额（元）
3	001	彭言敏	50000	22500	=

图 8-7　输入"="

	A	B	C	D	E
1			海联公司1月业绩统计表		
2	编号	姓名	销售总额	销售总成本	销售利润额（元）
3	001	彭言敏	50000	22500	=C3

图 8-8　单元格引用

第3步　输入"-"，单击 D3 单元格，此时单元格 D3 也被引用，如图 8-9 所示。

第4步　按【Enter】键确认，即可完成公式的输入并计算出结果，如图 8-10 所示。

D3		× ✓ fx	=C3-	
	A	B	C	D	E
1			海联公司1月业绩统计表		
2	编号	姓名	销售总额	销售总成本	销售利润额（元）
3	001	彭言敏	50000	22500	=C3-D3

图 8-9　单元格引用

E3			fx	=C3-D3	
	A	B	C	D	E
1			海联公司1月业绩统计表		
2	编号	姓名	销售总额	销售总成本	销售利润额（元）
3	001	彭言敏	50000	22500	27500

图 8-10　输入公式并计算出结果

第5步　将光标放置在 E3 单元格右下角，当光标变为十字形状时，按住鼠标左键向下拖曳至 E17 单元格，即可复制公式并快速填充所选单元格的数据，效果如图 8-11 所示。

	A	B	C	D	E
1			海联公司1月业绩统计表		
2	编号	姓名	销售总额	销售总成本	销售利润额（元）
3	001	彭言敏	50000	22500	27500
4	002	王娉然	72000	32400	39600
5	003	张浩然	96000	43200	52800
6	004	郑雨彤	103000	46350	56650
7	005	高翔	120000	54000	66000
8	006	王茜	55000	24750	30250
9	007	李伟	85000	38250	46750
10	008	龚雨	102000	45900	56100
11	009	谢婷	62000	27900	34100
12	010	张云骞	73200	32940	40260
13	011	许平安	86300	38835	47465
14	012	梁汉	13100	5895	7205
15	013	张天运	65200	29340	35860
16	014	沈月	34000	15300	18700
17	015	徐海	42300	19035	23265

图 8-11　快速填充数据

3. 在"员工信息表"工作表中输入公式

第1步　选择"员工信息表"工作表，选择 H3 单元格，在单元格中输入"=G3*10%"，在此假定五险一金的缴纳比例为 10%，如图 8-12 所示。

H3		× ✓ fx	=G3*10%				
	A	B	C	D	E	F	G	H
1				员工信息表				
2	员工工号	姓名	部门	性别	学历	入职时间	基本工资	五险一金
3	103001	彭言敏	财务处	女	本科	2012/10/1	¥3,500.0	=G3*10%

图 8-12　输入公式

第2步　按【Enter】键确认，即可计算出员工"彭言敏"的五险一金的缴纳金额，如图 8-13 所示。

第3步　将光标放置在 H3 单元格右下角，当光标变为十字形状时，按住鼠标左键向下拖曳至 H17 单元格，即可复制公式并快速填充所选单元格的数据，效果如图 8-14 所示。

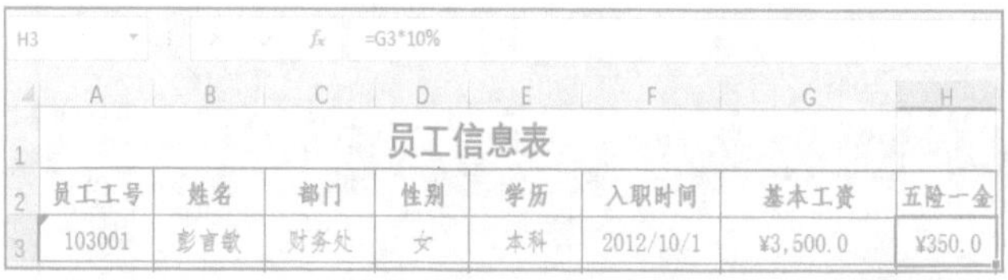

图 8-13　计算金额

图 8-14　快速填充数据

8.1.2　修改公式

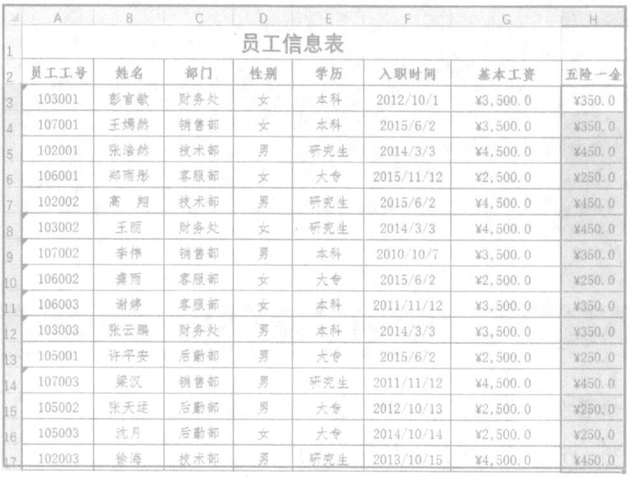

如果把五险一金的缴纳比例调整为 12%，则具体步骤如下。

第 1 步　选择"员工信息表"工作表，选择 H3 单元格，编辑栏中会显示原有的公式"=G3*10%"，如图 8-15 所示。

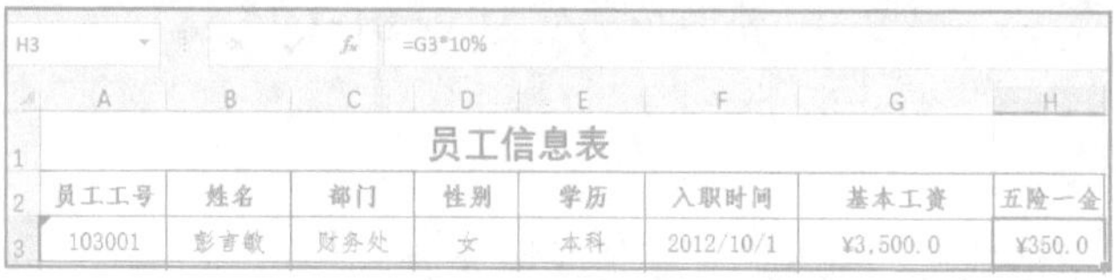

图 8-15　原有的公式

第 2 步　如果要将缴纳比例更改为 12%，则只需在编辑栏中输入"=G3*12%"，如图 8-16 所示。

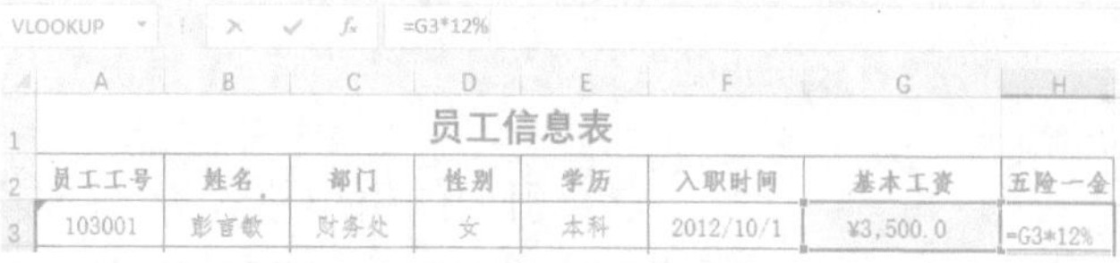

图 8-16　修改后的公式

第 3 步　按【Enter】键确认，即可按照修改后的比例计算出缴纳金额，再次使用填充柄复制公式并填充其他单元格的数据，如图 8-17 所示。

A	B	C	D	E	F	G	H
			员工信息表				
员工工号	姓名	部门	性别	学历	入职时间	基本工资	五险一金
103001	彭言敏	财务处	女	本科	2012/10/1	¥3,500.0	¥420.0
107001	王娟丽	销售部	女	本科	2015/6/2	¥3,500.0	¥420.0
102001	张浩彦	技术部	男	研究生	2014/3/3	¥4,500.0	¥540.0
106001	郑雨彤	客服部	女	大专	2015/11/12	¥2,500.0	¥300.0
102002	蒋刚	技术部	男	研究生	2015/6/2	¥4,500.0	¥540.0
103002	王丽	财务处	女	研究生	2014/3/3	¥4,500.0	¥540.0
107002	李伟	销售部	男	本科	2010/10/7	¥3,500.0	¥420.0
106002	黄丙	客服部	女	大专	2015/6/2	¥2,500.0	¥300.0
106003	胡婷	客服部	女	本科	2011/11/12	¥3,500.0	¥420.0
103003	张云瑞	财务处	男	本科	2014/3/3	¥3,500.0	¥420.0
105001	许平安	后勤部	男	大专	2015/6/2	¥2,500.0	¥300.0
107003	梁飞	销售部	男	研究生	2011/11/12	¥4,500.0	¥540.0
105002	张天佑	后勤部	男	大专	2012/10/13	¥2,500.0	¥300.0
105003	沈月	后勤部	女	大专	2014/10/14	¥2,500.0	¥300.0
102003	徐强	技术部	男	研究生	2013/10/15	¥4,500.0	¥540.0

图 8-17　填充数据

8.2 单元格的引用

单元格的引用是指对工作表上的单元格或单元格区域进行引用。Excel 提供了三种不同的引用类型，相对引用、绝对引用和混合引用。

8.2.1 相对引用

图 8-18　相对引用

相对引用的引用格式为"C1"，复制或填充公式时地址也跟着发生变化，如 C1 单元格有公式"=A1+B1"，如图 8-18 所示，当将公式复制到 C2 单元格时公式变为"=A2+B2"，当将公式复制到 D1 单元格时公式变为"=B1+C1"。

8.2.2 绝对引用

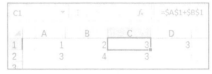

图 8-19　绝对引用

绝对引用的引用格式为"$C$3"，复制或填充公式时地址不会跟着发生变化，如 C1 单元格有公式"=$A$1+$B$1"，当将公式复制到 C2 单元格时公式仍为"=$A$1+$B$1"，当将公式复制到 D1 单元格时公式仍为"=$A$1+$B$1"，如图 8-19 所示。

8.2.3 混合引用

图 8-20　混合引用

混合引用的引用格式为"C$3"或"$C3"，复制或填充公式时地址的部分内容跟着发生变化，如 C1 单元格有公式"=$A1+B$1"，当将公式复制到 C2 单元格时公式变为"=$A2+B$1"，当将公式复制到 D1 单元格时公式变为"=$A1+C$1"，如图 8-20 所示。

8.3 ▶ 公式和函数的使用

8.3.1 利用公式和函数完善业绩统计表

在"业绩统计表"工作表中，销售利润额已经计算完成，接下来需要计算销售利润额的平均值、最大值、最小值及销售提成和对销售提成的排名，具体步骤如下。

1. 计算销售利润额的平均值、最大值和最小值

第1步　选择 E19 单元格，在编辑栏中输入 "="，如图 8-21 所示。

编号	姓名	销售总额（元）	销售总成本（元）	销售利润额（元）
			海联公司1月业绩统计表	
001	彭言敏	50000	22500	27500
002	王熠然	72000	32400	39600
003	张洛然	96000	43200	52800
004	郑雨彤	103000	46350	56650
005	高翔	120000	54000	66000
006	王丽	55000	24750	30250
007	李伟	85000	38250	46750
008	龚雨	102000	45900	56100
009	谢烨	62000	27900	34100
010	张云鹏	73200	32940	40260
011	许平安	86300	38835	47465
012	梁汉	13100	5895	7205
013	张天运	65200	29340	35860
014	沈月	34000	15300	18700
015	徐海	42300	19035	23265
			平均销售利润额	

图 8-21　计算平均销售利润额

第2步　在编辑栏中输入公式 "=AVERAGE(E3:E17)"，如图 8-22 所示。

第3步　按【Enter】键确认，即可计算出平均销售利润额，如图 8-23 所示。

第4步　选择 E20 单元格，在编辑栏中输入公式 "=MAX(E3:E17)"，如图 8-24 所示。

平均销售利润额	38834
最大销售利润额	
最小销售利润额	

图 8-22　输入公式	图 8-23　计算出平均销售利润额	图 8-24　输入公式

第5步　按【Enter】键确认，即可计算出最大销售利润额，如图 8-25 所示。

第6步　选择 E21 单元格，在编辑栏中输入公式 "=MIN(E3:E17)"，如图 8-26 所示。

第7步　按【Enter】键确认，即可计算出最小销售利润额，如图 8-27 所示。

平均销售利润额	38834
最大销售利润额	66000
最小销售利润额	

图 8-25　计算出最大销售利润额

图 8-26　输入公式

平均销售利润额	38834
最大销售利润额	66000
最小销售利润额	7205

图 8-27　计算出最小销售利润额

2. 利用公式计算销售提成

第 1 步　选择 F3 单元格，在编辑栏中输入"="，选择 E3 单元格，单元格周围会显示活动的虚线框，在编辑栏中输入乘号"*"，选择 I3 单元格（"销售提成比例"），单元格周围会显示活动的虚线框，如图 8-28 所示。

图 8-28　输入公式

第 2 步　如果每个销售员的提成比例都是一样的，那么这里的单元格就要进行绝对引用，需要在公式中的"I3"上增加绝对引用符号，即改为"$I$3"，如图 8-29 所示。

第 3 步　按【Enter】键确认，即可计算出"彭言敏"的销售提成，如图 8-30 所示。

图 8-29　增加绝对引用符号

图 8-30　计算出销售提成

第 4 步　将光标放置在 F3 单元格右下角，当光标变为十字形状时，按住鼠标左键向下拖曳至 F17 单元格，即可复制公式并快速填充所选单元格的数据，效果如图 8-31 所示。

	A	B	C	D	E	F
1			海联公司1月业绩统计表			
2	编号	姓名	销售总额（元）	销售总成本（元）	销售利润额（元）	销售提成（元）
3	001	彭言敏	50000	22500	27500	1375
4	002	王婉然	72000	32400	39600	1980
5	003	张浩然	96000	43200	52800	2640
6	004	彭可彤	103000	46350	56650	2833
7	005	甫 娜	120000	54000	66000	3300
8	006	王莹	55000	24750	30250	1513
9	007	李伟	85000	38250	46750	2338
10	008	姜可	102000	45900	56100	2805
11	009	谢婷	62000	27900	34100	1705
12	010	张云熙	73200	32940	40260	2013
13	011	许平安	86300	38835	47465	2373
14	012	梁汉	13100	5895	7205	360
15	013	张天运	65200	29340	35860	1793
16	014	沈月	34000	15300	18700	935
17	015	徐春	42300	19035	23265	1163

图 8-31　快速填充数据

3. 利用 RANK 函数对销售提成排名

第 1 步　选择 G3 单元格，在编辑栏中输入"="，单击编辑栏左侧的【插入函数】按钮（fx），如图 8-32 所示。

图 8-32　插入函数

第 2 步　弹出【插入函数】对话框，删除【搜索函数】文本框中的文字，输入 RANK 后单击【转到】按钮，即可在【选择函数】下列表框中找到 RANK 函数，如图 8-33 所示。

第 3 步　或者在【或选择类别】的下拉列表中选择【全部】，在【选择函数】中按照英文字母的顺序找到 RANK 函数，如图 8-34 所示。

图 8-33　插入函数（1）

图 8-34　插入函数（2）

第 4 步　弹出的【函数参数】对话框中的【Number】文本框中选择 F3 单元格，在【Ref】文本框中通过【折叠】按钮选择 F3:F17 的单元格，同时要加上绝对引用符号，在【Order】文本框中输入 0，如图 8-35 所示。

第 5 步　按【Enter】键确认，即可计算出"彭言敏"的销售提成排名为第 12 名，如图 8-36 所示。

图 8-35　设置函数参数

图 8-36　计算出销售提成排名

第 6 步　将光标放置在 G3 单元格右下角，当光标变为十字形状时，按住鼠标左键向下拖曳至 G17 单元格，即可复制公式并快速填充所选单元格的数据，效果如图 8-37 所示。

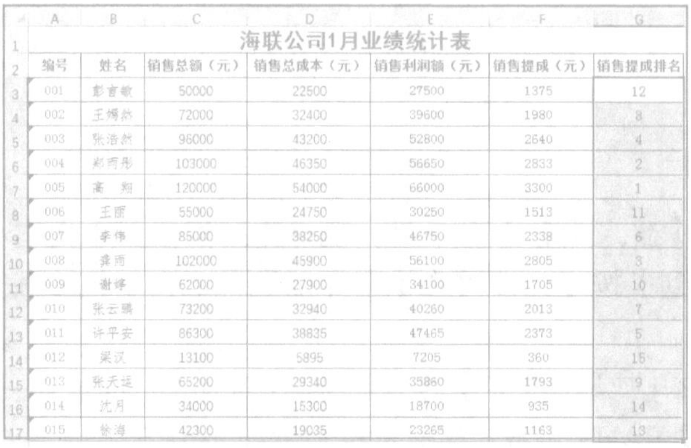

图 8-37　快速填充数据

8.3.2　利用公式和函数完善员工工资统计表

1. 使用文本函数提取员工信息

第 1 步　选择"员工工资统计表"工作表，选择 B3 单元格，如图 8-38 所示。

第 2 步　在编辑栏中输入公式"=TEXT(员工信息表 !A3,0)"，如图 8-39 所示。

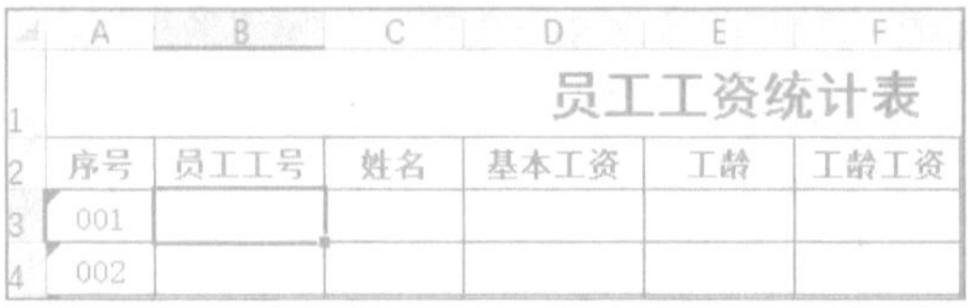

图 8-38　选择单元格

图 8-39　输入公式

　　第 3 步　按【Enter】键确认，即可将"员工信息表"工作表中的"员工工号"引用到"员工工资统计表"工作表的 B3 单元格，并可以使用填充柄工具将公式填充在 B4:B17 单元格中，如图 8-40 所示。

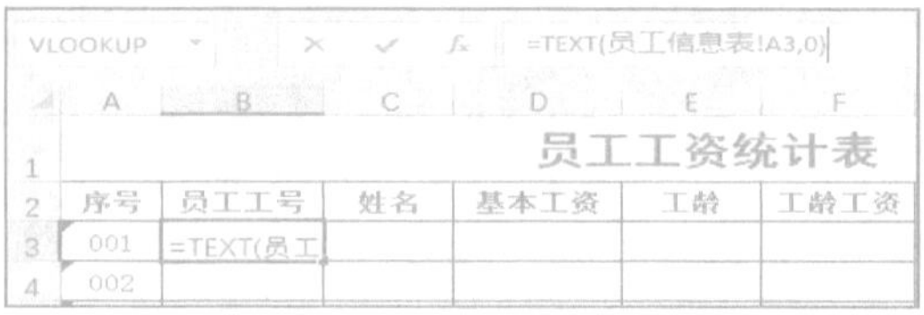

　　第 4 步　选择 C3 单元格，在编辑栏中输入"=TEXT(员工信息表 !B3,0)"，如图 8-41 所示。

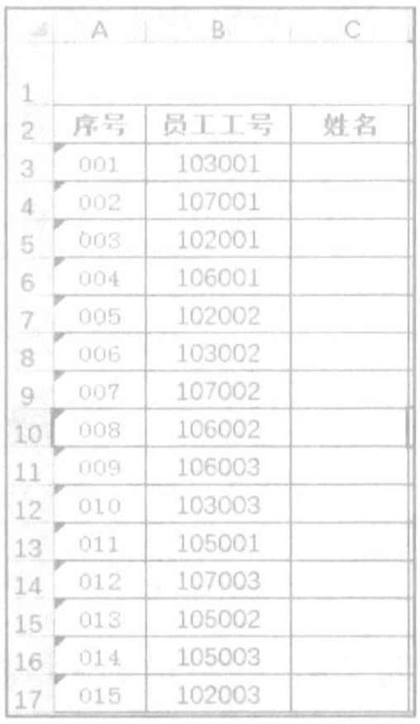

图 8-40　填充"员工工号"

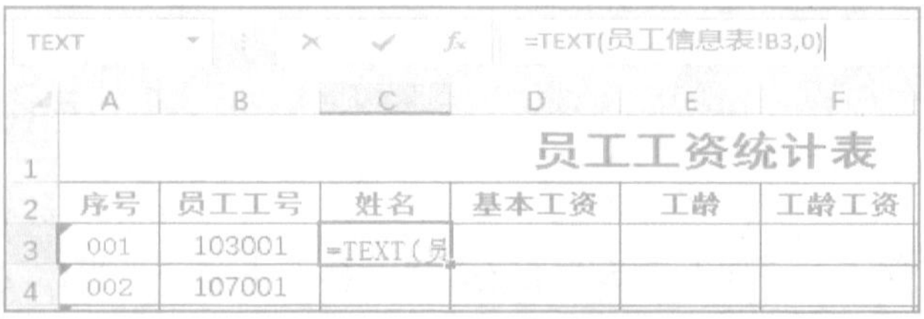

图 8-41　输入 TEXT 函数

第 5 步　按【Enter】键确认，即可将"员工信息表"工作表中的"姓名"引用到"员工工资统计表"工作表的 C3 单元格，并可以使用填充柄工具将公式填充在 C4:C17 单元格中，如图 8-42 所示。

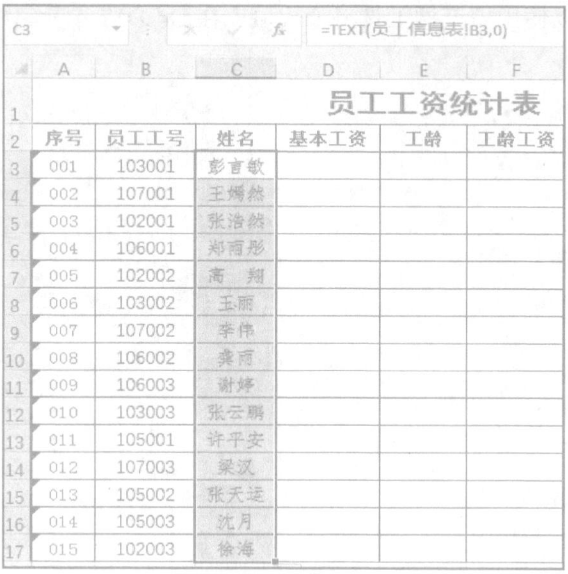

图 8-42　填充"姓名"

2. 引用其他工作表数据完成基本工资和销售提成

第 1 步　选择"员工工资统计表"工作表中的 D3 单元格，在编辑栏中输入"= 员工信息表 !G3"，如图 8-43 所示。

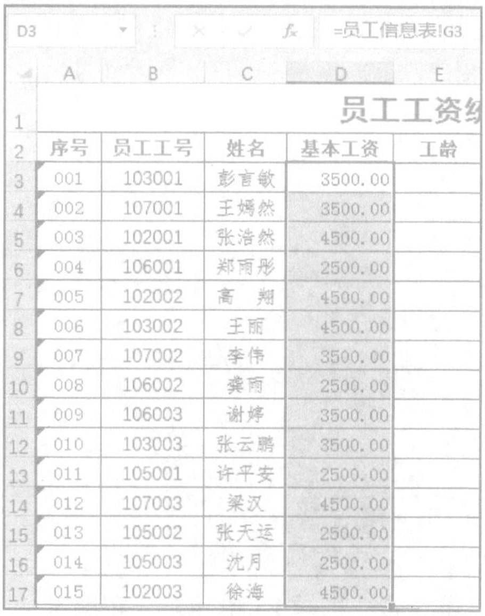

第 2 步　按【Enter】键确认，即可将"员工信息表"工作表中的"基本工资"引用到 D3 单元格，并可以使用填充柄工具将公式填充在的 D4:D17 单元格中，如图 8-44 所示。

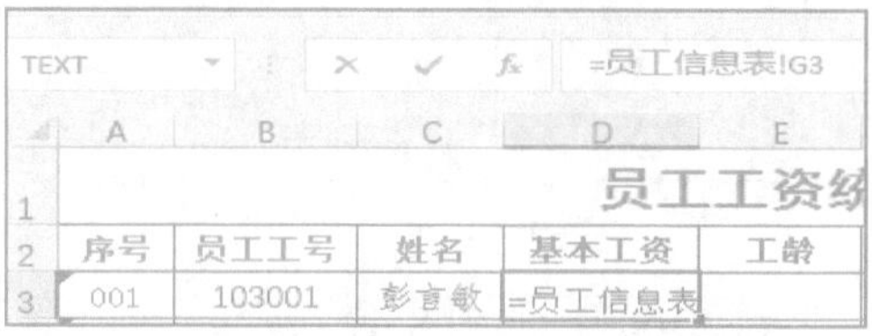

图 8-43　输入公式

图 8-44　填充"基本工资"

第 3 步 选择"员工工资统计表"工作表中的 G3 单元格，在编辑栏中输入"= 业绩统计表 !F3"，如图 8-45 所示。

第 4 步 按【Enter】键确认，即可将"业绩统计表"工作表中的"销售提成"引用到 F3 单元格，并可以使用填充柄工具将公式填充在 D4:D17 单元格中，如图 8-46 所示。

图 8-45 输入公式

图 8-46 填充"销售提成"

3. 使用日期和时间函数计算工龄

员工的工龄是计算员工工龄工资的依据，使用日期函数能够准确地计算出员工工龄，计算方法是用当前日期减员工入职日期，具体操作步骤如下。

第 1 步 在"员工工资统计表"工作表中选择 E3 单元格，在编辑栏中输入公式"=DATEDIF(员工信息表 !F3,TODAY(),"y")"，如图 8-47 所示。

第 2 步 按【Enter】键确认，即可计算出"彭言敏"的"工龄"，并可以使用填充柄工具将公式填充在 E4:E17 单元格中，如图 8-48 所示。

序号	员工工号	姓名	基本工资	工龄
001	103001	彭言敏	3500.00	7
002	107001	王婿然	3500.00	4
003	102001	张浩然	4500.00	5
004	106001	郑雨彤	2500.00	3
005	102002	高 翔	4500.00	4
006	103002	王丽	4500.00	5
007	107002	李伟	3500.00	9
008	106002	龚雨	2500.00	4
009	106003	谢婷	3500.00	7
010	103003	张云鹏	3500.00	5
011	105001	许平安	2500.00	4
012	107003	梁汉	4500.00	7
013	105002	张天运	2500.00	7
014	105003	沈月	2500.00	5
015	102003	徐海	4500.00	6

图 8-47 输入 DATEDIF 函数

图 8-48 填充"工龄"

第 3 步 选择 F3 单元格，在编辑栏中输入"=E3*100"，如图 8-49 所示。

第 4 步 按【Enter】键确认，即可计算出"工龄工资"，可以使用填充柄工具将公式填充在 F4:F17 单元格中，如图 8-50 所示。

图 8-50 填充"工龄工资"

图 8-49 计算"工龄工资"

4. 利用公式计算应发工资

第 1 步　选择"员工工资统计表"工作表中的 H3 单元格，在编辑栏中输入"=D3+F3+G3"，如图 8-51 所示。

第 2 步　按【Enter】键确认，即可计算出应发工资，可以使用填充柄工具将公式填充在 H4:H17 单元格中，整个"员工工资统计表"工作表就制作完成了，最后的效果如图 8-52 所示。

图 8-51 输入公式

图 8-52 最后的效果

拓展训练

本拓展训练以制作"应聘人员成绩表"为例，具体要求如下。

1. 利用公式求出总评成绩

选择 G3 单元格，在编辑栏中输入"=C3*25%+D3*25%+E3*25%+F3*25%"，计算出"总评成绩"，如图 8-53 所示。

2. 利用 RANK 函数进行排名

利用 RANK 函数对"总评成绩"进行排名，如图 8-54 所示。

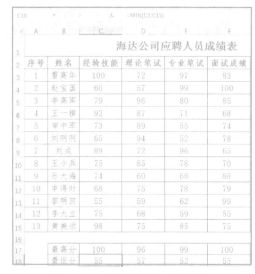

G3 =C3*25%+[illegible]*25%+E3*25%+F3*25%

海达公司应聘人员成绩表						
序号	姓名	经验技能	理论笔试	专业笔试	面试成绩	总评成绩
1	雷高华	100	72	97	83	5%+F3*25%
2	赵宝国	60	57	99	100	
3	李高军	79	96	80	85	
4	王一横	92	87	71	68	
5	审中军	73	89	55	74	
6	刘明明	65	94	52	78	
7	刘成	89	72	96	65	
8	王小兵	75	85	78	70	
9	孙大海	74	60	68	88	
10	申得时	68	75	78	79	
11	黎明回	55	59	62	99	
12	李大立	75	68	59	55	
13	黄美顺	98	75	85	75	

图 8-53　输入公式

H4 =RANK(G4,$G$3:$G$15,0)

海达公司应聘人员成绩表							
序号	姓名	经验技能	理论笔试	专业笔试	面试成绩	总评成绩	排名
1	雷高华	100	72	97	83	88	1
2	赵宝国	60	57	99	100	79	6
3	李高军	79	96	80	85	85	2
4	王一横	92	87	71	68	80	5
5	审中军	73	89	55	74	73	9
6	刘明明	65	94	52	78	72	11
7	刘成	89	72	96	65	81	4
8	王小兵	75	85	78	70	77	7
9	孙大海	74	60	68	88	73	10
10	申得时	68	75	78	79	75	8
11	黎明回	55	59	62	99	69	12
12	李大立	75	68	59	55	64	13
13	黄美顺	98	75	85	75	83	3

图 8-54　利用 RANK 函数排名

3. 利用 MAX 函数查找最高分

利用 MAX 函数查找每一项分数的最高分，如图 8-55 所示。

4. 利用 MIN 函数查找最低分

利用 MIN 函数找出每一项分数的最低分，如图 8-56 所示。

C17 =MAX(C3:C16)

海达公司应聘人员成绩表					
序号	姓名	经验技能	理论笔试	专业笔试	面试成绩
1	雷高华	100	72	97	83
2	赵宝国	60	57	99	100
3	李高军	79	96	80	85
4	王一横	92	87	71	68
5	审中军	73	89	55	74
6	刘明明	65	94	52	78
7	刘成	89	72	96	65
8	王小兵	75	85	78	70
9	孙大海	74	60	68	88
10	申得时	68	75	78	79
11	黎明回	55	59	62	99
12	李大立	75	68	59	55
13	黄美顺	98	75	85	75
	最高分	100	96	99	100
	最低分				

图 8-55　利用 MAX 函数查找最高分

C18 =MIN(C3:C15)

海达公司应聘人员成绩表					
序号	姓名	经验技能	理论笔试	专业笔试	面试成绩
1	雷高华	100	72	97	83
2	赵宝国	60	57	99	100
3	李高军	79	96	80	85
4	王一横	92	87	71	68
5	审中军	73	89	55	74
6	刘明明	65	94	52	78
7	刘成	89	72	96	65
8	王小兵	75	85	78	70
9	孙大海	74	60	68	88
10	申得时	68	75	78	79
11	黎明回	55	59	62	99
12	李大立	75	68	59	55
13	黄美顺	98	75	85	75
	最高分	100	96	99	100
	最低分	55	57	52	55

图 8-56　利用 MIN 函数查找最低分

第 3 部分

PowerPoint 2016 办公应用

　　PowerPoint 是微软公司设计的一款演示文稿软件。利用该软件，用户不仅可以在投影仪或计算机上对文稿进行演示，还可以将文稿打印出来，制作成胶片，以便应用到更广泛的领域中。同时，利用 PowerPoint 不仅可以创建演示文稿，还可以在互联网上召开面对面会议、远程会议或在网上给观众展示演示文稿。利用 PowerPoint 制作的文件称为演示文稿，其格式后缀名为 ppt、pptx、pptm；或者也可以保存为 pdf、图片和视频等格式。演示文稿中的每一页称为幻灯片，每张幻灯片都是演示文稿中既相互独立又相互联系的内容。

　　与之前的版本相比，PowerPoint 2016 在功能上有了非常明显的改进和更新，新增树状图、箱形图、旭日图、直方图、瀑布图等图表类型；搜索功能比以前版本更加智能；新增墨迹公式，可以手写输入公式；新增屏幕录制功能，从而可以将屏幕的操作录制成视频直接插入文稿，具有高清晰、体积小的特点；新增变体切换和创意设计器功能；支持 EPS 矢量文件。

任务9　PowerPoint 2016基本操作
——制作年度总结报告

◢ 任务描述

　　年度总结报告主要用途是回顾一年来岗位工作情况，总结工作成绩和经验教训，引出对自身和岗位的认识，指导今后工作和实践活动。年度总结报告是每位企业员工必须要做的工作。制作"年度工作总结"PPT要做到内容客观、重点突出，便于领导和同事更好地了解其一年以来的工作及成绩。年度总结报告内容一般包括工作情况概述、工作完成情况、工作业绩与经验教训、今后努力方向等内容。制作"年度总结报告"PPT要做到以下几点。

1. 内容要求

　　（1）围绕一年的工作情况进行设计制作，必须基于事实依据，客观真实。

　　（2）在制作"年度工作总结"PPT时要兼顾优点和缺点，总结取得的成绩与存在的不足。

　　（3）内容要条理清晰，详略得当，突出重点。

2. 格式要求

　　（1）力求简洁，风格正式。"年度总结报告"PPT要求幻灯片和内容尽量简洁，PPT风格要正式，杜绝色彩过于华丽和丰富。

　　（2）逻辑清晰，重点突出。内容要符合逻辑思维顺序，按照工作任务和重点层层展开。

　　（3）画面大气、清晰。选取图片要保证清晰美观，配色和设计要大气有档次。

◢ 设计思路

　　制作"年度总结报告"PPT时可以按照以下思路进行。

　　（1）新建空白演示文稿，为演示文稿选择适合的应用主题。

　　（2）制作"封面"页。

　　（3）制作"前言"页。

　　（4）制作"工作业绩"页。

　　（5）制作"存在的问题与不足"页。

　　（6）制作"工作计划"页。

　　（7）制作"结束"页。

（8）美化幻灯片并保存。

◢ 涉及知识点

本任务主要涉及以下知识点。
（1）应用主题。
（2）幻灯片页面的添加、删除和移动。
（3）输入文本并设置文本样式。
（4）添加项目符号和编号。
（5）插入图片。
（6）图文混排。
（7）插入艺术字。

◢ 任务实现

9.1 ▶ 演示文稿的基本操作

9.1.1 新建演示文稿

为了满足各种办公需要，PowerPoint 2016 提供了多种创建演示文稿的方法，如创建空白演示文稿、利用模板创建演示文稿等。

1. 创建空白演示文稿

启动 PowerPoint 2016 软件，选择"空白演示文稿"，即可创建一个空白演示文稿，如图 9-1 所示。

空白演示文稿样式如图 9-2 所示。

图 9-1　创建空白演示文稿

图 9-2　空白演示文稿样式

除此之外，还可通过命令或快捷菜单创建空白演示文稿，操作方法分别如下。

通过快捷菜单创建空白演示文稿：在桌面空白处单击鼠标右键，在弹出的快捷菜单中选择【新建】→【PPT演示文稿】选项，在桌面上将新建一个空白演示文稿，如图9-3所示。

通过命令创建空白演示文稿：启动PowerPoint 2016后，选择【文件】→【新建】选项，在【模板和主题】界面单击【空白演示文稿】图标，创建一个空白演示文稿，如图9-4所示。

图9-3 通过快捷菜单创建空白演示文稿

图9-4 通过命令创建空白演示文稿

2. 利用模板创建演示文稿

第1步 启动PowerPoint 2016，选择【文件】→【新建】选项，在右侧的【新建】窗格选择或搜索模板，如图9-5所示。单击选择的模板，即可看到新建的演示文稿效果，如在搜索栏搜索"年终总结"。

第2步 选择"清新蓝绿总结报告"模板，单击该模板弹出该模板样式，如图9-6所示。

图9-5 搜索模板和主题界面

图9-6 模板样式

第 3 步　单击右下方【创建】按钮，创建演示文稿，如图 9-7 所示。

图 9-7　创建演示文稿

在制作"年度总结报告"PPT 时，需要选择新建空白演示文稿作为完成后续操作的基础。

9.1.2　为演示文稿应用主题

新建空白演示文稿后，可以为演示文稿应用主题，以满足"年度总结报告"PPT 模板的格式要求，具体操作步骤如下。

1. 使用内置主题

PowerPoint 2016 内置了 44 种主题，用户可以根据需要选择并使用这些内置主题设计演示文稿，具体操作步骤如下。

第 1 步　单击【设计】选项卡下【主题】选项组右侧【其他】按钮，在弹出的下拉列表中任选一种主题样式，如图 9-8 所示。

第 2 步　选择【平面】主题样式，应用后的幻灯片效果如图 9-9 所示。

图 9-8　选择主题样式

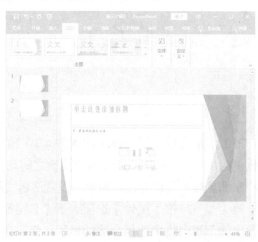

图 9-9　应用【平面】主题样式后的效果

2. 自定义主题

如果对系统内置的主题不满意，则用户可自定义主题，具体操作步骤如下。

第1步　单击【设计】选项卡下【主题】选项组右侧【其他】按钮，在弹出的下拉列表中选择【浏览主题】选项，如图9-10所示。

图9-10　选择【浏览主题】选项

第2步　在弹出的如图9-11所示的【选择主题或主题文档】对话框中选择要应用的主题模板，单击【应用】按钮，即可应用自定义的主题。

图9-11　【选择主题或主题文档】对话框

9.1.3　设置演示文稿的显示比例

PPT演示文稿常用的显示比例为4∶3和16∶9两种，PowerPoint 2016演示文稿的默认比例为16∶9，用户可以在两种比例之间切换。此外，用户还可以自定义幻灯片页面的大小来满足演示文稿的设计需求。设置演示文稿显示比例的具体操作步骤如下。

第1步　单击【设计】选项卡下【自定义】选项组中的【幻灯片大小】的下拉按钮，在弹出的下拉列表中选择合适的显示比例或自定义幻灯片大小，如图9-12所示。

第2步　在演示文稿中可看到设置演示文稿后的效果，如图9-13所示。

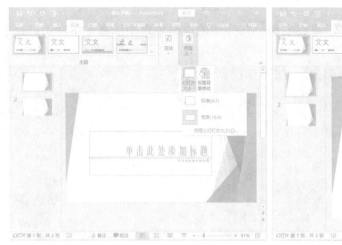

图 9-12 自定义幻灯片大小

图 9-13 设置演示文稿后的效果

9.2 ▶ 幻灯片的基本操作

9.2.1 新建幻灯片

演示文稿是由多张幻灯片组成的，用户可以根据需要在演示文稿的任意位置新建幻灯片。常用的新建幻灯片的方法主要有如下两种。

1. 使用【开始】选项卡新建幻灯片

第 1 步　单击【开始】选项卡下【幻灯片】选项组中的【新建幻灯片】的下拉按钮，在弹出的下拉列表中选择【标题与内容】选项，如图 9-14 所示。

第 2 步　新建【标题与内容】幻灯片页面，新建幻灯片在左侧幻灯片窗格中显示，如图 9-15 所示。

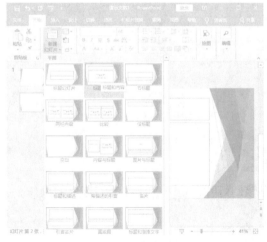

图 9-14 新建幻灯片

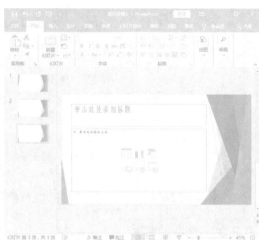

图 9-15 演示文稿样例

2. 使用快捷菜单新建幻灯片

第 1 步　在幻灯片窗格中单击鼠标右键，在弹出的快捷菜单中选择【新建幻灯片】选项，如图 9-16 所示。

第 2 步　在该位置快速新建幻灯片，如图 9-17 所示。

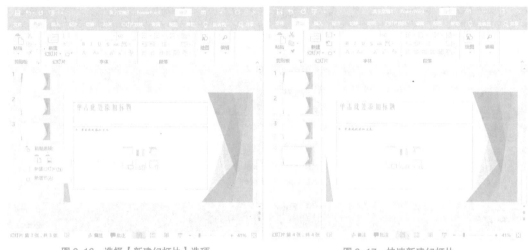

图 9-16　选择【新建幻灯片】选项　　　　　图 9-17　快速新建幻灯片

9.2.2　移动幻灯片

用户可以通过移动幻灯片的方法改变幻灯片的位置。在左侧窗格单击需要移动的幻灯片，按住鼠标左键，拖曳幻灯片至目标位置，松开鼠标即可，如图 9-18 所示。

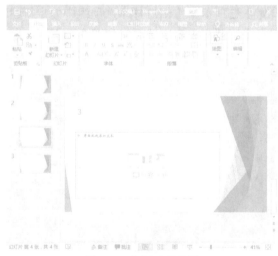

图 9-18　移动幻灯片位置

此外，通过剪切幻灯片并在目标位置粘贴该幻灯片，也可完成移动幻灯片的操作。

9.2.3　删除幻灯片

删除幻灯片的常见方法有以下几种。

1. 使用【Delete】键删除幻灯片

第1步 在幻灯片窗格中选择要删除的幻灯片，如图 9-19 所示。

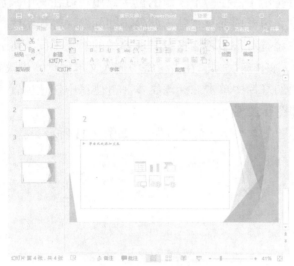

图 9-19 选择要删除的幻灯片

第2步 按【Delete】键，即可快速删除已选择的幻灯片。

2. 使用快捷菜单删除幻灯片

第1步 按【Ctrl】键，同时选择要删除的第 3 张和第 4 张幻灯片，单击鼠标右键，在弹出的快捷菜单中选择【删除幻灯片】选项，如图 9-20 所示。

第2步 删除已选择的幻灯片，如图 9-21 所示。

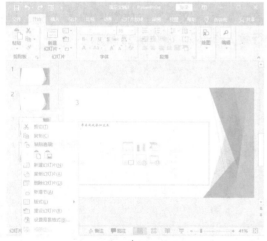

图 9-20 选择【删除幻灯片】选项

图 9-21 删除已选择的幻灯片

9.3 幻灯片文本的输入和格式设置

在幻灯片中可以输入文本，并对文本进行字体、颜色、对齐方式、段落缩进等格式设置。

9.3.1 在幻灯片首页输入标题

幻灯片中的占位符用于占住一个固定的位置，用户可在其中添加内容。占位符在幻灯片中使用虚框展现，虚框内部有"单击此处添加标题"等提示语，单击鼠标左键后提示语会自动消失。占位符有很多种，根据其所容纳的对象不同，可分为文本、图表、表格、图片、SmartArt、媒体等类型。在占位符中输入文本的具体步骤如下。

第 1 步 在封面幻灯片中单击"标题文本"占位符中任意位置，使光标置于"标题文本"占位符内，如图 9-22 所示。

第 2 步 输入标题文本"年度总结报告"，如图 9-23 所示。

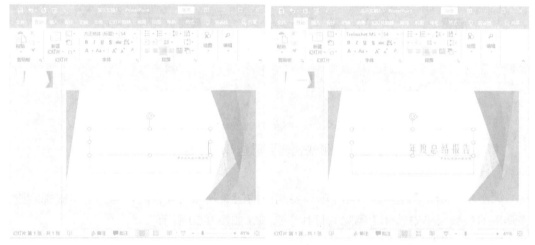

图 9-22 "标题文本"占位符   图 9-23 输入标题

第 3 步 选择"副标题文本"占位符，在"副标题文本"占位符中输入"汇报人：张 XX"，按【Enter】键换行，并输入文本"行政人事部"，如图 9-24 所示。

图 9-24 输入副标题

9.3.2 在"文本"占位符中输入内容

在演示文稿的"文本"占位符中输入文字,进一步丰富"年度总结报告"内容,具体操作步骤如下。

第1步 返回 PPT 演示文稿中,将光标置于幻灯片中的空白处,单击鼠标右键,在弹出的快捷菜单里选择【新建幻灯片】选项,如图 9-25 所示。

第2步 在"文本"占位符中输入正文内容,如图 9-26 所示。

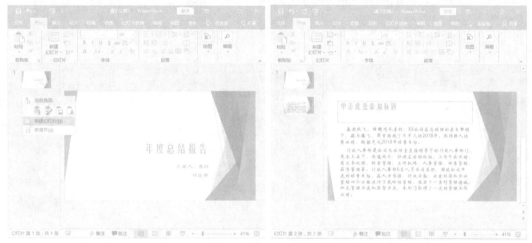

图 9-25 选择【新建幻灯片】选项　　　　　图 9-26 输入正文内容

第3步 在"标题文本"占位符内输入"前言"内容,如图 9-27 所示。

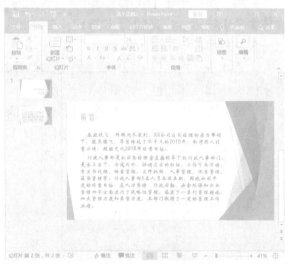

图 9-27 输入"前言"内容

9.3.3 设置字体样式

PowerPoint 默认的【标题字体】为【方正姚体】,【字体颜色】为【绿色】;【文本字体】为【华文新魏】,【字体颜色】为【黑色】。在【开始】选项卡下【字体】选项组中或【字体】对话框中【字体】选项卡中可以设置字体、字号及字体颜色等，具体操作步骤如下。

第 1 步　选择第 1 张幻灯片页面中的"年度总结报告"标题文本，单击【开始】选项卡下【字体】选项组中的【字体】下拉按钮，在弹出的下拉列表中选择【黑体】选项，如图 9-28 所示。

第 2 步　单击【开始】选项卡下【字体】选项组中的【字号】下拉按钮，在弹出的下拉列表中选择【72】，如图 9-29 所示。

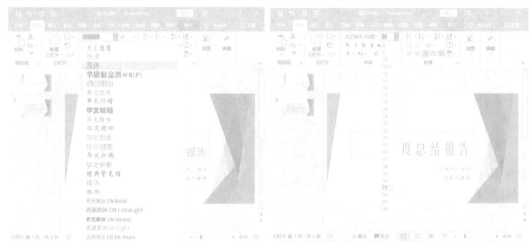

图 9-28　设置字体　　　　　　　　　　图 9-29　设置字体大小

图 9-30　设置字体颜色

第 3 步　单击【开始】选项卡下的【字体】选项组中的【字体颜色】按钮 A 右侧的下拉按钮，在弹出的下拉列表中任意选择一种颜色即可，如图 9-30 所示。

第 4 步　按照以上操作设置标题幻灯片其他内容的字体样式、字体大小和字体颜色，如图 9-31 所示。

第 5 步　选择"前言"页，设置标题的【字体】为【黑体】、【字号】为【36】，设置正文内容的【字体】为【华文楷体】、【字号】为【24】，设置效果如图 9-32 所示。

图 9-31　"封面"页字体设置效果　　　　　图 9-32　"前言"页字体、字号设置效果

9.3.4 设置段落格式

段落格式是指成段文字的格式，包括段落的对齐方式、段落行距、段落间距项目符号等。

1. 设置对齐方式

段落对齐方式包括左对齐、右对齐、居中对齐、两端对齐和分散对齐，不同的对齐方式呈现不同效果。设置段落对齐方式的具体步骤如下。

第1步　选择第1张幻灯片，选择"年度总结报告"标题文本，单击【开始】选项卡下【段落】选项组中的【居中】按钮，效果如图 9-33 所示。

第2步　把副标题文本设置为【左对齐】，效果如图 9-34 所示。

图 9-33　设置"居中对齐"效果　　　　图 9-34　设置"左对齐"效果

第3步　除使用【段落】选项组设置对齐方式外，还可以使用【段落】对话框设置对齐方式，选择副标题的内容，单击【开始】选项卡下【段落】选项组的下拉按钮，弹出【段落】对话框，在【缩进和间距】选项卡中的【常规】选项区域中设置【对齐方式】为【居中】，单击【确定】按钮，效果如图 9-35 所示。

第4步　设置后的效果如图 9-36 所示。

图 9-35　设置对齐方式　　　　图 9-36　设置后的效果

2. 设置段落缩进和间距

段落缩进是指设置段落中的行相对于页面左边界或右边界的位置，段落文本缩进的方式包括首行缩进、文本之前缩进和悬挂缩进。段落间距是一个自然段与另一个自然段之间的距离，行距是一个自然段中行与行之间的距离。具体操作步骤如下。

第 1 步 选择第 2 张幻灯片，将光标定位在要设置段落缩进的段落中，单击【开始】选项卡下【段落】选项组右下角的下拉按钮，在弹出的【段落】对话框的【缩进和间距】选项卡下【缩进】选项区域中单击【特殊】右侧的下拉按钮，在弹出的下拉列表中选择【首行】选项，如图 9-37 所示。

第 2 步 在【间距】选项区域设置【段前】间距为【2 磅】，单击【行距】右侧的下拉按钮，在弹出的下拉列表中选择【1.5 倍行距】选项，单击【确定】按钮，如图 9-38 所示。

图 9-37 设置缩进

图 9-38 设置行距

第 3 步 设置后的效果如图 9-39 所示。

3. 设置项目符号和编号

PPT 的项目符号经常用来对内容进行强调，从而使段落内容更具有条理性，具体操作步骤如下。

第 1 步 新建幻灯片，在标题文本占位符中输入"工作业绩"，并设置【字体】为【黑体】，【字号】为【36】，【对齐方式】为【左对齐】。在内容文本占位符中输入工作业绩主要内容，并分别设置【字体】为【华文楷体】，【字号】为【24】。设置后的效果如图 9-40 所示。

图 9-39 段落设置效果

图 9-40 "工作业绩"页效果

第 2 步 在【开始】选项卡的【段落】选项组中单击【项目符号】按钮右侧的下拉按钮，在弹出的下拉列表中将光标放置在某个项目符号上即可预览效果，如图 9-41 所示。

第 3 步 选择其中一种项目编号类型，即可将其应用到选择的段落或文本中，设置效果如图 9-42 所示。

图 9-41 预览项目符号

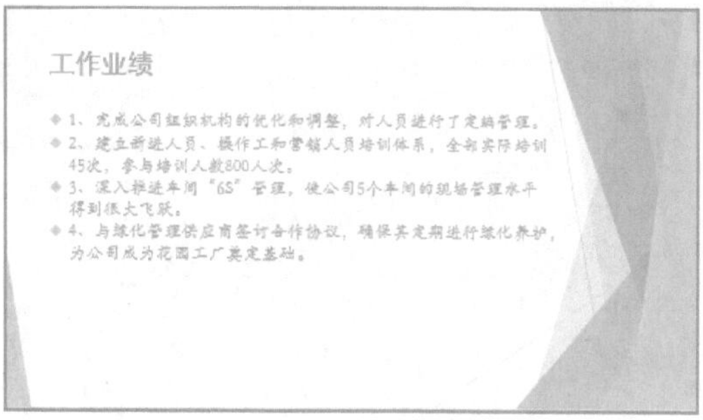

图 9-42 设置项目符号的效果

第 4 步　用同样的方法在"存在的问题与不足"页幻灯片录入相应的文字，在【开始】选项卡的【段落】选项组中单击【编号】按钮 右侧的下拉按钮，在弹出的下拉列表中将光标放置在某个编号样式上即可预览效果，如图 9-43 所示。

第 5 步　选择编号类型，即可为选择的段落添加编号，效果如图 9-44 所示。

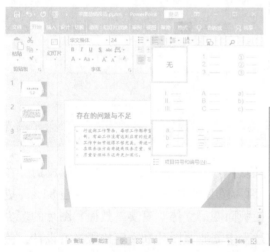

图 9-43 预览编号

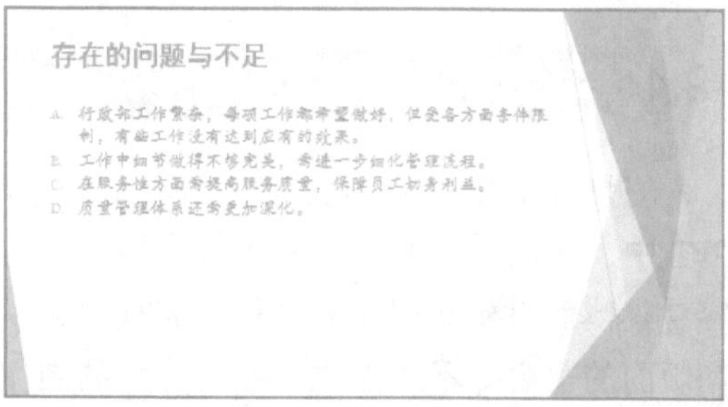

图 9-44 设置编号的效果

第 6 步　选择"存在的问题与不足"页幻灯片，单击鼠标右键，在弹出的快捷菜单中选择【复制幻灯片】选项，在原有幻灯片的下方复制相同内容的幻灯片，如图 9-45 所示。

第 7 步　不需要调整复制的幻灯片格式，仅需变更标题和内容文本，改变内容后的"工作计划"页幻灯片效果如图 9-46 所示。

第 8 步　在【开始】选项卡的【段落】选项组中单击【编号】按钮 右侧的下拉按钮，在弹出的下拉列表中选择【编号】，效果如图 9-47 所示。

133

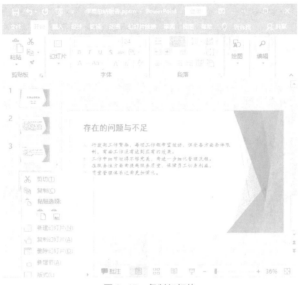

图 9-45　复制幻灯片

图 9-46　"工作计划"页幻灯片效果

图 9-47　设置编号后的效果

9.4 ▶ 幻灯片的图文混排

幻灯片的版面是由文字、图形、色彩等通过点、线、面的组合与排列构成的。在 PPT 中，多图少字的形式好像应用更广泛，因为图片的视觉冲击力比文字强 85%，更容易具体而直接地把我们的思想表现出来，使版面变得立体、真实。然而，图片的多少和版面的美观并不成正比，在幻灯片的制作过程中需要对图片和文字排版进行设计，使图片和文字可以有机地结合在一起，形成一个整体，从而提高 PPT 的表现力。

9.4.1 插入图片

在制作 PPT 时，可插入适当的图片，以便对文本内容进行补充或强调，具体操作步骤如下。

第 1 步　选择第 3 张幻灯片，单击【插入】选项卡下的【图像】选项组中的【图片】按钮，如图 9-48 所示。

图 9-48 单击【图片】按钮

第2步 在弹出的如图 9-49 所示的【插入图片】对话框中，选择图片所在的路径，选择需要的图片，单击【插入】按钮。

第3步 将图片插入幻灯片中，效果如图 9-50 所示。

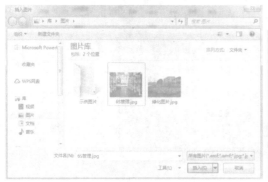

图 9-49 【插入图片】对话框

图 9-50 插入图片效果

第4步 还可复制一张图片到演示文稿，在第 3 张幻灯片中单击鼠标右键，在弹出的快捷菜单中选择【粘贴选项】，如图 9-51 所示。

第5步 可以将复制的图片插入幻灯片中，效果如图 9-52 所示。

图 9-51 选择【粘贴选项】

图 9-52 插入图片效果

9.4.2　调整图片大小和位置

图片插入幻灯片后，需要调整图片的大小来适应幻灯片的页面，具体操作步骤如下。

第 1 步　选择幻灯片中的图片，把光标放置在图片 4 个角中任意 1 个角的控制点上，按住鼠标左键并拖曳鼠标，即可改变图片的大小，如图 9-53 所示。

第 2 步　选择图片，按住鼠标左键并拖曳鼠标到指定位置后松开鼠标左键，即可将图片拖动到任意位置，如图 9-54 所示。

图 9-53　调整图片大小　　　　图 9-54　移动图片位置

第 3 步　以同样的方法调整其他图片大小和位置，如图 9-55 所示。

图 9-55　调整图片大小及位置

9.4.3　设置图片样式

用户可为插入的图片设置边框、图片样式等样式，使制作的 PPT 更加美观，具体步骤如下。

第 1 步　选择插入的图片，单击【图片工具/格式】选项卡下【图片样式】选项组中的【其他】下拉按钮，在弹出的下拉列表中选择【剪去对角，白色】选项，如图 9-56 所示。

第 2 步　设置后的图片样式的效果如图 9-57 所示。

第 3 步　选择图片，单击【图片工具/格式】选项卡下【图片样式】选项组中的【图片边框】右侧下拉按钮 图片边框▼，在弹出的下拉列表中设置边框【颜色】为【蓝色】、边框【粗细】为【4.5 磅】，如图 9-58 所示。

Office 2016 高级办公应用

第4步 更改边框的颜色和粗细，效果如图9-59所示。

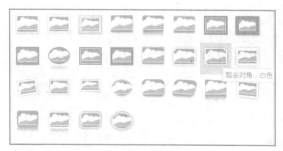

图9-56 选择图片样式

图9-57 设置后的图片样式的效果

图9-58 设置图片边框

图9-59 更改图片边框效果

第5步 选择图片，单击【图片工具/格式】选项卡下【图片样式】选项组中的【图片效果】右侧下拉按钮 图片效果▼ ，在弹出的下拉列表中选择【阴影】选项，在其子列表中的【外部】选项区域中选择【偏移：右】选项，效果如图9-60所示。

第6步 完成图片样式的设置，最终效果如图9-61所示。

图9-60 设置阴影效果

图9-61 设置图片样式最终效果

9.4.4 添加图片艺术效果

对插入的图片进行更正、调整等艺术效果的编辑，可以使图片更好地融入PPT的整体内容中，具体操作步骤如下。

第1步　按照上述的方法在第4张幻灯片中插入两张图片，如图9-62所示。

第2步　选择第4张幻灯片中的一张图片，单击【图片工具/格式】选项卡下【调整】选项组中【校正】下拉按钮，在弹出的下拉列表中的【亮度／对比度】选项区域中选择【亮度：+20% 对比度：−20%】选项，如图9-63所示。

图9-62　插入图片

图9-63　图片校正

第3步　改变图片的亮度和对比度，效果如图9-64所示。

第4步　单击【图片工具/格式】选项卡下【调整】选项组中【颜色】下拉按钮 ，在弹出的下拉列表中分别选择【饱和度：400%】和【色温：5900K】选项，如图9-65所示。

图9-64　图片校正效果

图·9-65　调整图片颜色

第5步　调整图片的饱和度和色调的效果如图9-66所示。

第6步　单击【图片工具/格式】选项卡下【调整】选项组中【艺术效果】下拉按钮 ，在弹出的下拉列表中选择【纹理化】选项，如图9-67所示。

第7步　为图片添加艺术效果，如图9-68所示。

图 9-66 调整图片颜色效果

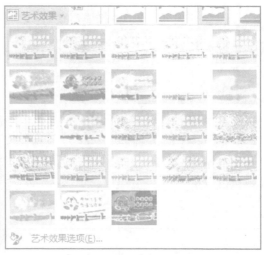

图 9-67 设置图片艺术效果

图 9-68 图片艺术效果

9.4.5 设置图文混排

图文混排是 PPT 制作中最重要，也是最难的一个环节，PPT 质量的高低，图文排版往往起到了非常关键的作用。图文混排主要是对 PPT 页面中的文字、图片进行搭配与设计。具体操作步骤如下。

第 1 步　新建幻灯片，在标题占位符中输入"工作计划"，删除文本占位符。单击【插入】选项卡下【图像】选项组中的【图片】按钮，在弹出的【插入图片】对话框中选择要添加的 3 张图片，如图 9-69 所示。

第 2 步　完成图片添加后，调整图片的位置如图 9-70 所示。

第 3 步　选择【插入】选项卡下【文本】选项组中的【文本框】下拉按钮，在弹出的下拉列表中选择【绘制横排文本框】选项，光标放置在幻灯片中第一张图片下方，按住鼠标左键拖曳创建文本框，效果如图 9-71 所示。

第 4 步　在文本框中输入文本后，选择文本框，单击鼠标右键，在弹出的快捷菜单中选择【设置形状格式】选项，在右侧弹出的【设置形状格式】窗格中的【填充】选项区域中选择【纯色填充】，【颜色】设置为"金色，个性色 3，深色 25%"，如图 9-72 所示。

图 9-69 【插入图片】对话框　　　　　　　　　图 9-70　调整图片位置

图 9-71　插入文本框效果　　　　　　　　　图 9-72　设置文本框样式

第 5 步　选择文本框，单击鼠标右键，在弹出的快捷菜单中选择【复制】选项，在幻灯片任意位置单击鼠标右键，在弹出的快捷菜单中选择【粘贴】选项，完成文本框的复制，移动文本框至适当位置，效果如图 9-73 所示。

第 6 步　设置文本框的背景颜色，并设置文本颜色为【白色】，效果如图 9-74 所示。

图 9-73　复制文本框及文本　　　　　　　　　图 9-74　设置文本框及文本颜色效果

9.5　使用艺术字

艺术字通常用在编排报头、广告、文档标题或结束语中。可以为艺术字设置更多的颜色和形状，表现形式更加多样，在幻灯片中添加艺术字会让人感到耳目一新。

9.5.1　插入艺术字

在演示文稿"结束"页中插入艺术字，具体操作步骤如下。

第 1 步　在幻灯片末尾新建幻灯片，删除标题和内容的占位符，单击【插入】选项卡下【文本】选项组中的【艺术字】下拉按钮，在弹出的下拉列表中选择一种艺术字样式，如图 9-75 所示。

第 2 步　弹出【请在此放置您的文字】艺术字文本框，如图 9-76 所示。

第 3 步　删除艺术字文本框中的文字，输入"谢谢聆听"，效果如图 9-77 所示。

图 9-75　选择艺术字样式

图 9-76　艺术字文本框

图 9-77　输入艺术字效果

第 4 步　选择已输入的艺术字，在【开始】选项卡下【字体】选项组中设置【字号】为【88】，设置字号后的效果如图 9-78 所示。

第 5 步　将光标放在艺术字文本框的右下角控制点上，拖曳鼠标可改变文本框的大小及位置。调整文本框位置，使艺术字处于幻灯片正中，如图 9-79 所示。

图 9-78　设置字号

图 9-79　设置文本框大小及位置

9.5.2　更改艺术字样式

插入艺术字后，可以更改艺术字的样式，具体操作如下。

第 1 步　选择已输入的艺术字，单击【绘图工具 / 格式】选项卡下【艺术字样式】选项组中的【其他】下拉按钮，在弹出的下拉列表中选择艺术字样式，如图 9-80 所示。

第 2 步　选择艺术字，单击【绘图工具 / 格式】选项卡下【艺术字样式】选项组

图 9-80 选择艺术字样式

中的【文本效果】按钮 A 文本效果 - 右侧的下拉按钮，在弹出的下拉列表中选择【阴影】选项，在其子列表的【外部】选项区域中选择【偏移：右下】选项，如图 9-81 所示。

第 3 步 选择艺术字，单击【绘图工具 / 格式】选项卡下【艺术字样式】选项组中的【文本效果】按钮 A 文本效果 - 右侧的下拉按钮，在弹出的下拉列表中选择【映像】选项，在其子列表的【映像变体】选项区域中选择【全映像：8 磅偏移量】选项，如图 9-82 所示。

图 9-81 设置阴影

图 9-82 设置映像

第 4 步 调整后的艺术字效果如图 9-83 所示。

第 5 步 选择艺术字，单击【绘图工具 / 格式】选项卡下【形状样式】选项组中的【形状填充】按钮 形状填充 - 右侧的下拉按钮，在弹出的下拉列表的【主题颜色】选项区域中设置填充颜色和渐变效果，如图 9-84 所示。

图 9-83 调整后的艺术字效果

图 9-84 设置填充颜色和渐变效果

第 6 步 使用相同的方法，根据需要设置【形状轮廓】和【形状效果】。

9.6 ▶ 保存演示文稿

"年度总结报告"演示文稿设计完成之后，需要进行保存。保存演示文稿的方法如下。

第 1 步　单击左上角快速访问工具栏中的【保存】按钮 ，弹出【另存为】窗格，如图 9-85 所示。

第 2 步　双击【这台电脑】，弹出【另存为】对话框，选择演示文稿需要保存的路径，在【文件名】文本框中输入"年度总结报告"，单击【保存】按钮，即可保存演示文稿，如图 9-86 所示。

第 3 步　如果需要将"年度总结报告"演示文稿另存至其他位置或以其他名称保存，则可以单击【文件】选项卡，弹出【另存为】窗格，如图 9-87 所示。

图 9-85 【另存为】窗格

图 9-86 保存演示文稿

图 9-87 【另存为】窗格

第 4 步　双击【这台电脑】，在弹出的【另存为】对话框中选择文档要保存的路径，在【文件名】文本框中输入要另存的文档名称，即可完成文档的另存操作。

✎ 拓展训练

本拓展训练以制作"个人述职报告"PPT 为例，具体要求如下。

"个人述职报告"PPT 是各级干部及其他岗位责任人在人事考评活动中，向本系统、本部门领导、群众陈述任职情况和工作业绩时，根据职务或职责考核标准进行自我总结和自我评估的汇报 PPT。"个人述职报告"PPT 是对任职者进行实际考核的一种重要形式，有利于述职者与各方面沟通交流，有利于提高述职者的思想水平和工作能力。"个人述职报告"PPT 从时间上可分为"任职期间述职报告""年度述职报告""竞岗述职报告"。"个人述职报告"PPT 要围绕岗位职责和工作目标讲述自己的工作，要体现个人的作用，不能制作成纯粹的工作总结。在制作"个人述职报告"PPT 时，要实事求是、客观实在、全面准确。

新建空白演示文稿，设置演示文稿比例为 16∶9，为演示文稿"首页"应用"丝状"主题，在标题处输入内容，并设置字体样式，效果如图 9-88 所示。

新建幻灯片，在幻灯片中输入文本，调整字体格式和位置，制作"目录"页，效果如图 9-89 所示。

图 9-88　幻灯片"首页"效果　　　　　　　图 9-89　幻灯片"目录"页效果

新建幻灯片，在幻灯片中输入文本，设置字体格式、段落缩进等，制作"工作回顾"页，效果如图 9-90 所示。

新建幻灯片，在幻灯片中输入文本，添加项目符号和编号，制作"自我评价"页，效果如图 9-91 所示。

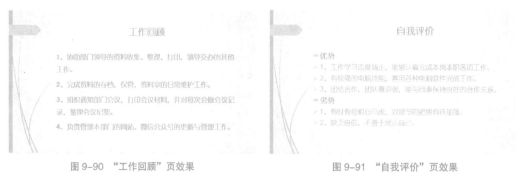

图 9-90　"工作回顾"页效果　　　　　　　图 9-91　"自我评价"页效果

新建幻灯片，在幻灯片输入文本，插入图片，调整图片样式，添加艺术效果，制作"工作体会"页，效果如图 9-92 所示。

新建幻灯片，插入图片和文本框，调整文本和图片位置，制作"工作规划与展望"页，效果如图 9-93 所示。

图 9-92　"工作体会"页效果　　　　　　　图 9-93　"工作规划与展望"页效果

新建幻灯片，插入艺术字，设置字体格式，制作"结束"页，效果如图 9-94 所示。

图 9–94 "结束"页效果

任务10 图形与图表的应用
——制作销售工作计划

◢ 任务描述

　　"销售工作计划"是在过去一年市场形势及市场现状分析基础上制定的，用于指导未来一年全年销售工作的计划，是对未来一年销售工作的设想与安排，是建立正常的销售工作秩序、提高工作效率的重要手段。"销售工作计划"涵盖市场分析、营销思路、销售目标、销售策略、销售预算等内容。制作"销售工作计划"PPT 要做到以下几点。

1. 内容要求

　　（1）明确未来一年需要完成的目标、任务和应达到的要求。任务中的数量、质量和时间要具体。

　　（2）围绕目标和任务，制定相应的措施和办法。

　　（3）在时间安排上，要明确完成期限，以及人力、物力安排。

2. 格式要求

　　（1）"销售工作计划"PPT 要求幻灯片和内容尽量简洁，杜绝过于华丽的辞藻。

　　（2）内容要简明扼要、具体明确，用词必须准确，不能含糊。

◢ 设计思路

　　制作"销售工作计划"PPT 时可以按照以下思路进行。

　　（1）新建空白演示文稿，自定义模板，完成"销售工作计划"PPT 母版设计。

　　（2）插入自选图形，绘制"市场分析"页。

　　（3）使用 SmartArt 图形制作"营销思路"页。

　　（4）添加表格，制作"销售目标"页。

　　（5）使用 SmartArt 图形制作"销售策略"页。

　　（6）使用图表，制作"销售预算"页。

　　（7）制作"结束"页。

　　（8）美化幻灯片并保存。

◢ 涉及知识点

　　本任务主要涉及以下知识点。

（1）自定义母版。

（2）插入表格。

（3）插入自选图形。

（4）插入 SmartArt 图形。

（5）插入图片。

（6）插入图表。

（7）插入艺术字。

▲ 任务实现

10.1 ▶ PPT 母版设计

幻灯片母版用于设置幻灯片样式，用户可以使用幻灯片母版设置各种标题文字、占位符大小与位置、背景设计和配色方案等内容，只需更改母版中的内容即可变更所有幻灯片的设计。

10.1.1 幻灯片母版结构

演示文稿的母版视图包括幻灯片母版、讲义母版和备注母版，包含标题样式和文本样式。

第 1 步　启动 PowerPoint 2016，新建空白演示文稿，如图 10-1 所示。

图 10-1　新建空白演示文稿

第 2 步　单击【文件】选项卡，选择【另存为】选项，在【另存为】窗格中双击【这台电脑】选项，在弹出的【另存为】对话框中选择要保存文件的位置，在【文件名】文本框中输入"销售工作计划"，单击【保存】按钮，如图 10-2 所示，保存演示文稿。

第 3 步　单击【视图】选项卡下【母版视图】选项组中的【幻灯片母版】按钮 幻灯片母版 ，即可进入幻灯片母版视图，如图 10-3 所示。

图 10-2 【另存为】对话框

图 10-3　幻灯片母版视图

10.1.2　自定义幻灯片母版

通过自定义母版可以为整个演示文稿设置相同的颜色、字体、背景、占位符和效果等，具体操作步骤如下。

第 1 步　在左侧的幻灯片窗格中选择【标题幻灯片 版式】，如图 10-4 所示。

图 10-4 【标题幻灯片　版式】

第2步　单击【插入】选项卡下的【图像】选项组中的【图片】按钮，如图 10-5 所示。

第3步　在弹出的【插入图片】对话框中选择"标题页背景.png"图片文件，单击【插入】按钮，如图 10-6 所示。

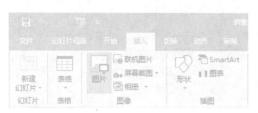

图 10-5 【图片】按钮

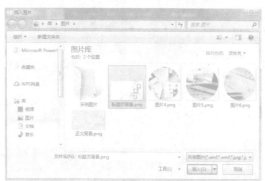

图 10-6 【插入图片】对话框

第4步　已选择的图片即可插入幻灯片母版中，如图 10-7 所示。

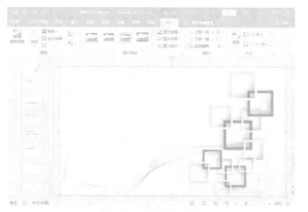

图 10-7　插入图片效果

第5步　把光标移动到图片右下角的控制点上，拖曳该控制点，可以调整图片大小。在图片上单击鼠标右键，在弹出的快捷菜单中选择【置于底层】选项，如图 10-8 所示。

第6步　将图片置于底层，使文本占位符显示出来，效果如图 10-9 所示。

图 10-8 【置于底层】选项

图 10-9　图片置于底层的效果

第7步　调整文本框的位置，在【开始】选项卡下【字体】选项组中设置标题的【字体】为【微软雅黑】，【字号】为【48】，【字体颜色】为【深蓝】；设置副标题的【字体】

为【微软雅黑】,【字号】为【32】,【字体颜色】为【深蓝】,如图 10-10 所示。

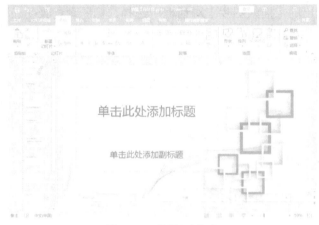

图 10-10　设置文本格式

第 8 步　在左侧的幻灯片窗格中选择【标题与内容　版式】,如图 10-11 所示。

图 10-11　【标题与内容　版式】

第 9 步　单击【插入】选项卡下的【图像】选项组中的【图片】按钮,在弹出的【插入图片】对话框中选择"正文背景 .png"图片文件,如图 10-12 所示。

第 10 步　插入图片后,图片一般处于幻灯片中间位置,如图 10-13 所示。

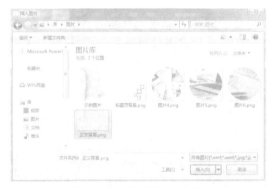

图 10-12　【插入图片】对话框

图 10-13　插入图片后的效果

第 11 步 选择插入的图片，将光标放置在右下角的控制点上，按住鼠标左键将图片拖曳到合适的位置，并调整图片大小。在图片上单击鼠标右键，在弹出的快捷菜单中选择【置于底层】选项，如图 10-14 所示。

第 12 步 在【开始】选项卡下【字体】选项组中设置标题的【字体】为【微软雅黑】，【字号】为【36】，【字体颜色】为【深蓝】；设置内容的【字体】为【微软雅黑】，【字号】为【24】，【字体颜色】为【深蓝】，如图 10-15 所示。

图 10-14 图片置于底层的效果

图 10-15 设置文本字体格式

第 13 步 单击【幻灯片母版】选项卡下【关闭】选项组中【关闭母版视图】按钮，如图 10-16 所示。

图 10-16 【关闭母版视图】按钮

第 14 步 关闭幻灯片视图，返回至幻灯片普通视图，如图 10-17 所示。

图 10-17 幻灯片普通视图

在制作幻灯片正文内容之前，首先制作"销售工作计划""首页""目录"页，具体操作步骤如下。

第 1 步 在"首页"标题中输入"销售工作计划"，在副标题中输入"汇报人：王**"，字体格式使用默认格式，如图 10-18 所示。

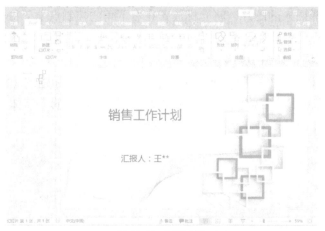

图 10-18　设置首页

第 2 步　新建幻灯片，删除标题和内容文本占位符，单击【插入】选项卡下【文本】选项组中的【文本框】按钮，将光标移至幻灯片中，绘制新的矩形文本框，如图 10-19 所示。

第 3 步　在文本框中输入"目录"，设置【字体】为【微软雅黑】，设置【字号】为【60】，选择【加粗】，调整文字到合适位置，如图 10-20 所示。

目录

图 10-19　绘制矩形文本框　　　　　　　　　　　　图 10-20　在文本框中输入文字

第 4 步　单击【插入】选项卡下的【图像】选项组中的【图片】按钮，在弹出的【插入图片】对话框，选择"目录用图片 .png"，调整图片的位置，如图 10-21 所示。

第 5 步　单击【插入】选项卡下【文本】选项组中的【文本框】按钮，将光标移至幻灯片中，绘制新的矩形文本框，在文本框中输入"01"，设置【字体】为【微软雅黑】，设置【字号】为【28】，选择【加粗】，调整文字到合适位置，如图 10-22 所示。

目录　　　　　　　　　　　　　　　　　　01

目录

图 10-21　插入图片 　　　　　　　　　　　　　　图 10-22　在文本框中输入文字

第6步 单击【插入】选项卡下【文本】选项组中的【文本框】按钮，将光标移至幻灯片中，绘制新的矩形文本框，在文本框中输入"市场分析"，设置【字体】为【微软雅黑】，设置【字号】为【36】，选择【加粗】，调整文字到合适位置，如图10-23所示。

重复上述操作，完成"目录"页的制作，如图10-24所示。

图 10-23 在文本框中输入文字　　　　　　　图 10-24 "目录"页效果

10.2 绘制和编辑图形

在演示文稿中绘制和编辑图形，可以充分演示文稿的内容，美化演示文稿。

10.2.1 插入自选图形

在演示文稿中插入自选图形，具体操作步骤如下。

第1步 新建幻灯片，在标题文本框中输入"一、市场分析"，删除内容文本框，如图10-25所示。

第2步 单击【插入】选项卡下【插图】选项组中的【形状】下拉按钮，在弹出的下拉列表中选择【矩形】选项区域中的【矩形】，如图10-26所示。

图 10-25 输入标题　　　　　　　图 10-26 选择形状

第 3 步　此时，幻灯片中光标的形状显示为"＋"，在幻灯片中按住鼠标左键，拖曳鼠标到合适位置，即可绘制出一个矩形形状，如图 10-27 所示。

第 4 步　重复第 2 步和第 3 步的操作，在矩形形状下面再绘制一个矩形，如图 10-28 所示。

图 10-27　绘制矩形形状　　　　　　　　　　　　图 10-28　形状样例

10.2.2　填充颜色

插入自选图形后，需要对插入的图形填充颜色，使图形与幻灯片的氛围相融，具体操作步骤如下。

第 1 步　选择第一个要填充颜色的基本图形，以上面的矩形为例，单击【绘图工具 / 格式】选项卡下【形状样式】选项组中【形状填充】按钮 形状填充 右侧的下拉按钮，在弹出的下拉列表中的【主题颜色】选项区域选择"蓝色，个性色 5，深色 25%"选项，如图 10-29 所示。

第 2 步　单击【绘图工具 / 格式】选项卡下【形状样式】选项组中【形状轮廓】按钮 形状轮廓 右侧的下拉按钮，在弹出的下拉列表中选择【无轮廓】选项，如图 10-30 所示。

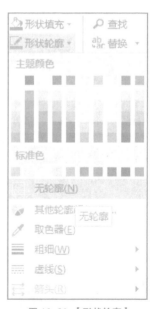

图 10-29　【形状填充】　　　　　　　　　　　　图 10-30　【形状轮廓】

第 3 步　选择另一个要填充颜色的基本图形，单击【绘图工具 / 格式】选项卡下【绘图】选项组中【形状填充】按钮 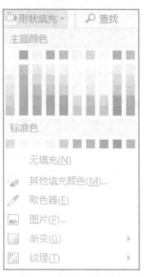形状填充▾ 右侧的下拉按钮，在弹出的下拉列表中的【主题颜色】选项区域选择"金色，个性色 4，淡色 60%"选项，如图 10-31 所示。

第 4 步　单击【绘图工具 / 格式】选项卡下【绘图】选项组中【形状轮廓】按钮 形状轮廓▾ 右侧的下拉按钮，在弹出的下拉列表中选择【无轮廓】选项，如图 10-32 所示。

图 10-31　【形状填充】

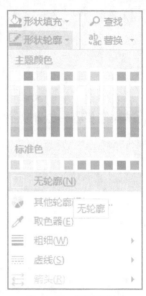

图 10-32　【形状轮廓】

10.2.3　在图形上添加文字

设置好自选图形的颜色后，可在自选图形上添加文字，具体操作步骤如下。

第 1 步　选择第一个要添加文字的自选图形，单击鼠标右键，在弹出的快捷菜单中选择【编辑文字】选项，如图 10-33 所示。

第 2 步　光标在自选图形中闪烁，输入文字"优势（Strength）"，如图 10-34 所示。

第 3 步　选择输入的文字，在【开始】选项卡下【字体】选项组中，设置【字体】为【微软雅黑】，设置【字号】为【24】，选择【加粗】，如图 10-35 所示。

图 10-33　【编辑文字】选项

优势（Strength）

图 10-34　输入文字

优势（Strength）

图 10-35　设置文字样式

第 4 步 选择第二个自选图形并单击鼠标右键，在弹出的快捷菜单中选择【编辑文字】选项，在【开始】选项卡下【段落】选项组中设置【左对齐】和【顶端对齐】，如图 10-36 所示。

第 5 步 在文本框中输入相关文字，并设置字体格式，效果如图 10-37 所示。

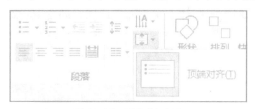

图 10-36 设置对齐方式　　　　　　　　图 10-37 输入相关文字

重复上述操作步骤，绘制其他图形，调整图形颜色，输入文字，"市场分析"页效果如图 10-38 所示。

图 10-38 "市场分析"页效果

10.2.4 图形的组合与排列

用户在绘制自选图形和编辑文字后，可以对图形进行组合与排列，使幻灯片更加美观，具体操作如下。

第 1 步 新建幻灯片，在标题文本框中输入"二、营销思路"，删除内容文本框，单击【插入】选项卡下【插图】选项组中的【形状】下拉按钮，在弹出的下拉列表中选择【基本形状】选项区域中的【椭圆】，此时，在幻灯片中光标的形状显示为"＋"，在幻灯片中按住鼠标左键，拖曳鼠标到合适位置，即可绘制出一个椭圆形状，如图 10-39 所示。

第 2 步 选择椭圆形状，单击鼠标右键，在弹出的快捷菜单中选择【复制】选项，如图 10-40 所示。

图 10-39 绘制椭圆形状　　　　　　　　图 10-40 【复制】选项

第 3 步　复制生成两个椭圆形状，并调整图片位置，如图 10-41 所示。

第 4 步　选第一个椭圆形状，单击【绘图工具 / 格式】选项卡下【绘图】选项组中【形状填充】按钮 ⬢ 形状填充▾ 右侧的下拉按钮，在弹出的下拉列表中的【主题颜色】选项区域选择颜色，并设定其他两个椭圆形颜色，如图 10-42 所示。

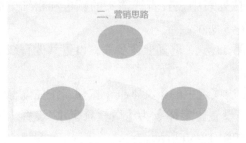
图 10-41　复制生成椭圆形状的效果

图 10-42　椭圆形状填充效果

第 5 步　选择第一个椭圆形状，单击【插入】选项卡下【文本】选项组中的【文本框】按钮，在椭圆形状上拖曳出文本框，如图 10-43 所示。

第 6 步　输入相关文字，并设置【字体】为【微软雅黑】，设置【字号】为【24】，设置【字体颜色】为【白色】，如图 10-44 所示。

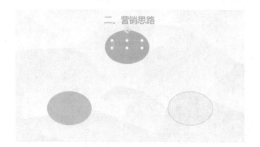
图 10-43　绘制文本框

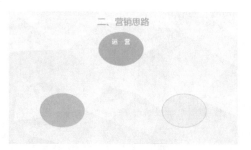
图 10-44　设置文字样式

第 7 步　在椭圆形状上再次绘制文本框，输入相关文字，设置【字体】为【微软雅黑】，设置【字号】为【18】，设置【字体颜色】为【白色】，如图 10-45 所示。

第 8 步　重复上述步骤，为另外两个椭圆形状添加文字，并设置文字样式如图 10-46 所示。

图 10-45　设置文字样式

图 10-46　设置文字样式

第 9 步　单击【插入】选项卡下【插图】选项组中的【形状】下拉按钮，在弹出的下拉列表中的【线条】选项区域中选择【直线箭头】，在椭圆形状之间绘制连线，如

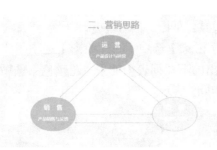

图 10-47 绘制连线

图 10-47 所示。

第 10 步　选择其中一个直线箭头，单击【绘图工具 / 格式】选项卡下【形状样式】选项组中的【形状轮廓】右侧的下拉按钮，在弹出的下拉列表中设置直线箭头的颜色和粗细，如图 10-48 所示。

第 11 步　重复上述步骤，设置其他直线箭头的颜色和粗细，如图 10-49 所示。

第 12 步　单击【插入】选项卡下【文本】选项组中的【文本框】按钮，按住鼠标左键，拖曳鼠标绘制文本框，输入相应的文字，设置【字体】为【微软雅黑】，设置【字号】为【16】，设置【字体颜色】为【蓝色】，如图 10-50 所示。

图 10-48　设置直线箭头的颜色和粗细

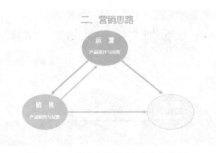

图 10-49　设置直线箭头的颜色和粗细

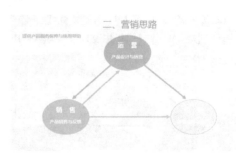

图 10-50　设置文字样式

第 13 步　选择文本框，按住文本框上方的旋转按钮，旋转文本框的方向，如图 10-51 所示。

第 14 步　将文本框的位置调整到直线箭头旁边，如图 10-52 所示。

第 15 步　用同样的方法，为其他直线箭头添加文字描述，如图 10-53 所示。

第 16 步　在幻灯片空白区域，按住鼠标左键，框选所有形状和文字，如图 10-54 所示。

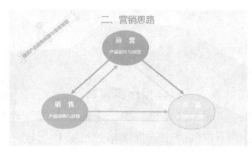

图 10-51　文本框方向设置

图 10-52　文本框位置调整

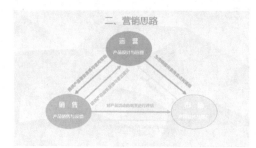

图 10-53　添加文字描述

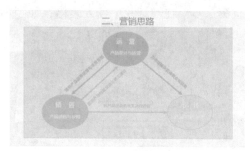

图 10-54　框选形状和文字

第 17 步　单击【绘图工具 / 格式】选项卡下【排列】选项组中的【组合】按钮右侧下拉按钮，在弹出的下拉列表中选择【组合】选项，如图 10-55 所示。

第 18 步　组合选中的图形，拖曳鼠标，移动图形到合适位置，"营销思路"页效果如图 10-56 所示。

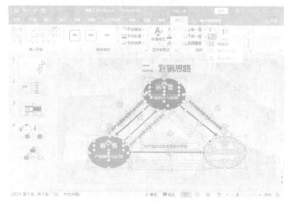

图 10-55　【组合】选项

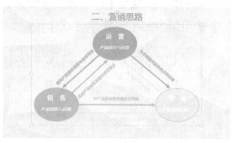

图 10-56　"营销思路"页效果

第 19 步　如果要取消组合，则再次单击【绘图工具 / 格式】选项卡下【排列】选项组中的【组合】按钮右侧的下拉按钮，在弹出的下拉列表中选择【取消组合】选项即可。

10.3 ▶ 添加数据表格

在演示文稿中可以插入表格使"销售工作计划"中要传达的信息更加简单明了，并可以为插入的表格设置表格样式。

10.3.1 插入表格

在 PowerPoint 2016 中插入表格的方法如下。

1. 利用菜单命令

利用菜单命令插入表格是最常用的插入表格的方式，具体操作步骤如下。

第1步　新建幻灯片，输入"三、销售目标"，删除文本框。单击【插入】选项卡下【表格】选项组中的【表格】下拉按钮，在弹出的下拉列表中选择表格的行数和列数，如图 10-57 所示。

第2步　在幻灯片中插入表格，如图 10-58 所示。

图 10-57　选择表格的行数和列数

图 10-58　插入表格

第3步　在表格中输入相应的文字，如图 10-59 所示。

第4步　选择第1列的第1行和第2行单元格，单击【表格工具/布局】选项卡下【合并】选项组中的【合并单元格】按钮，如图 10-60 所示。

产品名称	销售目标				
	第一季度	第二季度	第三季度	第四季度	总计
产品A	400000	420000	380000	430000	1630000
产品B	300000	280000	250000	312000	1142000
产品C	500000	530000	510000	518000	2058000
产品D	230000	410000	321000	150000	1111000

图 10-59　在表格中输入文字

图 10-60　【合并】选项组

第5步　合并选择的单元格，如图 10-61 所示。

产品名称	销售目标				
	第一季度	第二季度	第三季度	第四季度	总计
产品A	400000	420000	380000	430000	1630000
产品B	300000	280000	250000	312000	1142000
产品C	500000	530000	510000	518000	2058000
产品D	230000	410000	321000	150000	1111000

图 10-61　合并单元格效果

第6步　单击【表格工具/布局】选项卡下【对齐方式】选项组中的【居中】和【垂

直居中】按钮，可使所选单元格中的文字居中显示，如图 10-62 所示。

图 10-62　设置表格显示效果

第 7 步　重复上述操作，根据表格内容调整需要合并的单元格，如图 10-63 所示。

产品名称	销售目标				
	第一季度	第二季度	第三季度	第四季度	总计
产品A	400000	420000	380000	430000	1630000
产品B	300000	280000	250000	312000	1142000
产品C	500000	530000	510000	518000	2058000
产品D	230000	410000	321000	150000	1111000

图 10-63　表格调整效果

2. 利用【插入表格】对话框

用户还可以利用【插入表格】对话框来插入表格，具体操作如下。

第 1 步　将光标定位至需要插入表格的位置，单击【插入】选项卡下【表格】选项组中的【表格】下拉按钮，在弹出的下拉列表中选择【插入表格】选项，如图 10-64 所示。

第 2 步　弹出【插入表格】对话框，分别在【列数】和【行数】文本框中输入列数和行数，单击"确定"按钮，如图 10-65 所示，即可插入一个表格。

图 10-64　【插入表格】选项

图 10-65　【插入表格】对话框

10.3.2　设置表格样式

在 PowerPoint 2016 中可以设置表格样式，具体操作步骤如下。

第 1 步　选择表格，单击【表格工具 / 设计】选项卡下【表格样式】选项组中的【其他】下拉按钮，在弹出的下拉列表中选择【浅色样式 3- 强调 1】选项，如图 10-66 所示。

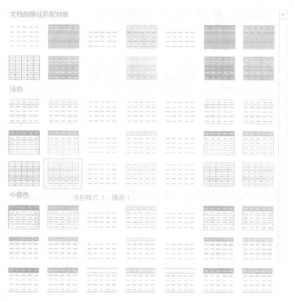

图 10-66　【表格样式】选项组

第 2 步　表格样式更改后的效果如图 10-67 所示。

产品名称	销售目标				
	第一季度	第二季度	第三季度	第四季度	总计
产品A	400000	420000	380000	430000	1630000
产品B	300000	280000	250000	312000	1142000
产品C	500000	530000	510000	518000	2058000
产品D	230000	410000	321000	150000	1111000

图 10-67　表格样式更改后的效果

第 3 步　选择表格，单击【表格工具 / 设计】选项卡下【表格样式】选项组中的【效果】按钮右侧的下拉按钮，在弹出的下拉列表中选择【阴影】选项，在其子列表的【透视】选项区域中选择【透视:下】选项，如图 10-68 所示。

第 4 步　调整表格、文字大小和位置，使表格更加美观，表格效果如图 10-69 所示。

图 10-68　设置表格样式

三、销售目标

产品名称	销售目标				
	第一季度	第二季度	第三季度	第四季度	总计
产品A	400000	420000	380000	430000	1630000
产品B	300000	280000	250000	312000	1142000
产品C	500000	530000	510000	518000	2058000
产品D	230000	410000	321000	150000	1111000

图 10-69　表格效果

Office 2016 高级办公应用

10.4 ► 使用 SmartArt 图形

SmartArt 图形是信息和观点的视觉标识形式，可以在多种不同的布局中创建 SmartArt 图形。SmartArt 图形主要用于创建组织结构图、显示层次关系、演示过程或工作流程的各个步骤或阶段，用于显示过程及显示各部分之间的关系等方面。配合 SmartArt 图形的使用，可以更加快捷地制作出精美的演示文稿。

10.4.1 选择 SmartArt 图形类型

SmartArt 图形主要分为列表、流程、循环、层次结构、关系、矩阵、棱锥图和图片等几类。使用 SmartArt 图形制作"销售策略"页的具体操作步骤如下。

第 1 步　新建幻灯片，在标题栏输入"四、销售策略"，删除文本框。单击【插入】选项卡下【插图】选项组中【SmartArt】按钮 SmartArt，如图 10-70 所示。

图 10-70 【插图】选项卡

第 2 步　弹出【选择 SmartArt 图形】对话框，选择【关系】选项组中的【漏斗】选项，单击【确定】按钮，如图 10-71 所示。

第 3 步　将 SmartArt 图形插入幻灯片页面中，如图 10-72 所示。

图 10-71 【选择 SmartArt 图形】对话框

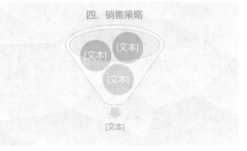

图 10-72 插入 SmartArt 图形

第 4 步　将光标移至第一个文本框中，在其中输入相关内容，如图 10-73 所示。

第 5 步　在其他文本框中输入相关文字，即可完成 SmartArt 图形的创建，如图 10-74 所示。

图 10-73 输入文字

图 10-74 完成 SmartArt 图形的创建

10.4.2　编辑 SmartArt 图形

创建 SmartArt 图形之后，用户可以根据需要编辑 SmartArt 图形。下面以为漏斗形状增加一个元素为例，讲述编辑 SmartArt 图形的方法，具体操作步骤如下。

图 10-75 【取消组合】选项

第 1 步　选择创建的 SmartArt 图形，单击【SmartArt 工具/格式】选项卡下【排列】选项组中【组合】按钮右侧的下拉按钮，在弹出的下拉菜单中选择【取消组合】选项，如图 10-75 所示。

第 2 步　再次选择 SmartArt 图形，单击【SmartArt 工具/格式】选项卡下【排列】选项组中【组合】按钮右侧的下拉按钮，在弹出的下拉菜单中选择【取消组合】，最终效果如图 10-76 所示。

第 3 步　选择漏斗图形中的某个圆形元素，调整其大小和位置，如图 10-77 所示。

图 10-76　取消组合效果

图 10-77　调整图形大小和位置

第 4 步　按照上述方法设置其他圆形元素的大小和位置。在调整最下方圆形元素大小时，可首先调整外层漏斗图形的大小，使最下方圆形元素显示出来，如图 10-78 所示。

第 5 步　调整圆形元素和漏斗图形的大小和位置，调整后的效果如图 10-79 所示。

图 10-78　调整图形大小和位置

图 10-79　调整后的效果

第 6 步　选择圆形元素，单击鼠标右键，在弹出的下拉菜单中选择【复制】选项，然后在漏斗形状中单击鼠标右键，在弹出的下拉菜单中选择【粘贴】选项，调整新添加的圆形元素的位置和文字，如图 10-80 所示。

第 7 步　选择新添加的圆形元素，单击鼠标右键，在弹出的下拉菜单中选择【置于底层】选项组中的【下移一层】选项，如图 10-81 所示。

图 10-80 复制图形

图 10-81 【置于底层】选项组

第 8 步 完成在漏斗形状中增加元素的操作，效果如图 10-82 所示。

第 9 步 全选所有元素，单击【SmartArt 工具 / 格式】选项卡下【排列】选项组中【组合】按钮右侧的下拉按钮，在弹出的下拉菜单中选择【组合】选项，组合后的效果如图 10-83 所示。

图 10-82 增加元素效果

图 10-83 组合后的效果

10.4.3 美化 SmartArt 图形

编辑完 SmartArt 图形，还可以对其进行美化，具体操作步骤如下。

第 1 步 选择 SmartArt 图形中的漏斗形状元素，如图 10-84 所示。

第 2 步 单击【SmartArt 工具 / 格式】选项卡下【形状样式】选项组中【样式】按钮，在弹出的下拉选项中选择"半透明 - 绿色"，如图 10-85 所示。

图 10-84 选择图形

图 10-85 设置样式

第 3 步　更改 SmartArt 图形中的漏斗形状的颜色，如图 10-86 所示。

第 4 步　选择 SmartArt 图形中的任意元素，按照上述方式设置不同元素的颜色，如图 10-87 所示。

图 10-86　更改漏斗形状的颜色

图 10-87　调整图形元素的颜色

10.5　使用图表

在 PowerPoint 2016 中插入图表。在"销售工作计划"演示文稿中制作"销售预算"页。

在"销售预算"页中插入图表，汇总本年度销售过程中产生的费用，具体操作步骤如下。

第 1 步　新建幻灯片，在标题文本框中输入"五、销售预算"，删除文本框。如图 10-88 所示。

五、销售预算

图 10-88　输入文字

第 2 步　单击【插入】选项卡下【插图】选项组中的【图表】按钮，弹出【插入图表】对话框，如图 10-89 所示。

第 3 步　PowerPoint 2016 提供了 15 个类别的图表，用户可根据实际需要选择合适的图表类型。本项目以饼图为例讲解操作过程。在【插入图表】对话框中左侧的【所有图表】中选择【饼图】选项，在右侧的【饼图】选项区域中选择【三维饼图】选项，单击【确定】按钮，如图 10-90 所示。

第 4 步　在幻灯片中插入图表，并弹出【Microsoft PowerPoint 中的图表】工作表，如图 10-91 所示。

第 5 步　在工作表中输入相关数据，如图 10-92 所示。

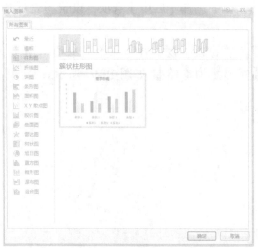

图 10-89 【插入图表】对话框

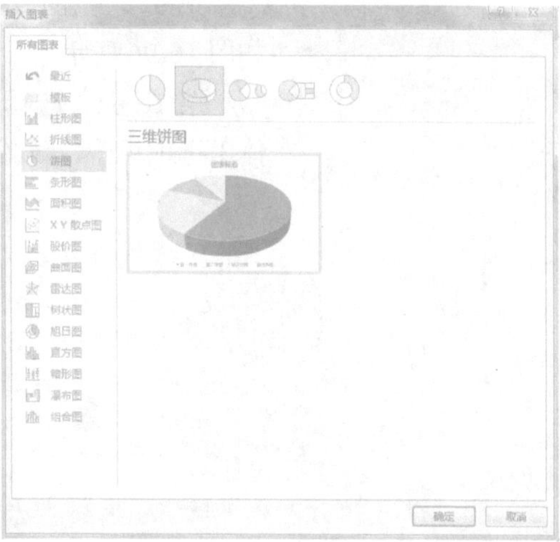

图 10-90 【三维饼图】选项

图 10-91　插入图表

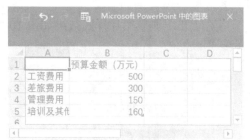

图 10-92　输入相关数据

第 6 步　关闭【Microsoft PowerPoint 中的图表】工作表，即可完成插入图表的操作，如图 10-93 所示。

第 7 步　依次选择图表中的文字元素，在【开始】选项卡下【字体】选项组中，设置所有文字元素的【字体】为【微软雅黑】，【字号】为【18】，同时调整"预算金额（万元）"的位置，如图 10-94 所示。

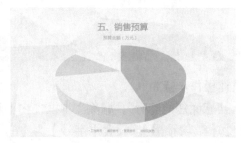

图 10-93　插入图表

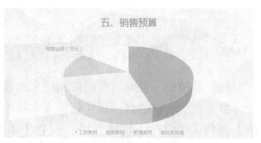

图 10-94　调整图表字体格式和位置

第 8 步　选择图表，单击幻灯片右侧 + 按钮，在弹出的下拉菜单中单击【数据标签】选项右侧的按钮，如图 10-95 所示。

图 10-95 【数据标签】选项

第 9 步　在弹出的菜单中选择【居中】选项，设置图表对齐，如图 10-96 所示。

第 10 步　选择图表中的数字框，在【开始】选项卡下【字体】选项组中，设置【字号】为【18】，如图 10-97 所示。

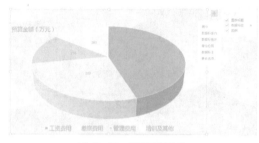

图 10-96　设置图表对齐

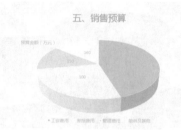

图 10-97　设置图表字号

第 11 步　选择图表，单击【图表工具 / 设计】选项卡下【图表样式】选项组中【更改颜色】按钮下的下拉按钮，在弹出的颜色选项中选择【彩色调色板 3】，如图 10-98 所示。

第 12 步　调整图片样式效果如图 10-99 所示。

图 10-98　图表颜色选项

图 10-99　调整图表样式效果

10.6　图文混排制作"结束"页

制作"结束"页时，可以使用图文混排，具体操作步骤如下。

第 1 步　新建幻灯片，在标题文本框中输入"感谢您的聆听"，删除文本框。在【开始】选项卡【字体】选项组中，设置【字体】为【微软雅黑】，设置【字号】为【60】，如图 10-100 所示。

第 2 步　选择文本框，单击【绘图工具 / 格式】选项卡下【艺术字样式】选项组中的【快速样式】按钮下的下拉按钮，在弹出的样式选项中选择【渐变填充：蓝色，主题色 5；映像】，如图 10-101 所示。

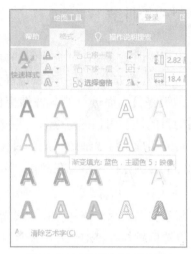

图 10-100 "结束"页文字样例

图 10-101 【快速样式】下拉按钮

第 3 步　完成文字样式的设置，效果如图 10-102 所示。

第 4 步　单击【插入】选项卡下【图像】选项组中的【图片】按钮，在弹出的【插入图片】对话框中选择"尾页用图 .png"，如图 10-103 所示。

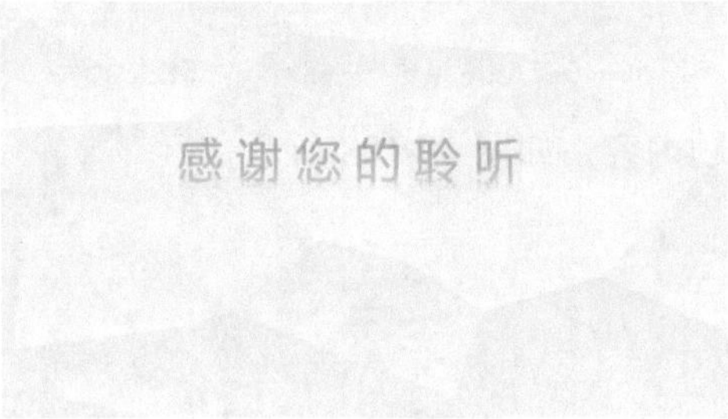

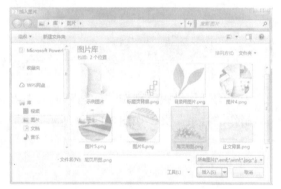

图 10-102　文字样式设置效果

图 10-103 【插入图片】对话框

第 5 步　插入图片后的效果如图 10-104 所示。

第 6 步　调整图片的大小和位置，完成"结束"页的制作，如图 10-105 所示。

图 10-104　插入图片后的效果

图 10-105　"结束"页效果

拓展训练

本拓展训练以制作"企业营销方案"PPT 为例，具体要求如下。

"企业营销方案"是一个以销售为目的的计划，指在市场销售和服务之前，为了达到预期的销售目标而进行的各种销售促进活动的整体性策划。"企业营销方案"必须具备鲜明的目的性、明显的综合性、强烈的针对性、突出的操作性等特点，即体现"围绕主题、目的明确，深入细致、周到具体，一事一策，简易明了"。下面以制作"企业营销方案"PPT 为例进行介绍，在制作时可按照以下思路进行。

1. 设计幻灯片母版

新建空白演示文稿并保存，设置标题幻灯片母版样式，如图 10-106 所示。

设置标题与内容幻灯片母版样式，如图 10-107 所示。

图 10-106　标题幻灯片母版样式　　　　图 10-107　设置标题与内容幻灯片母版样式

关闭幻灯片母版，制作"标题"页，输入标题内容，如图 10-108 所示。

制作"目录"页，如图 10-109 所示。

图 10-108　"标题"页　　　　图 10-109　"目录"页

2. 绘制和编辑图形

制作"阶段运营目标"页，在幻灯片中插入自选图形并为图形填充颜色，调整图片样式，在图形上添加文字，对图形进行排列，如图 10-110 所示。

3. 插入表格

制作"阶段运营策略"页，并插入表格，如图 10-111 所示。

图 10-110 "阶段运营目标"页　　　　　　图 10-111 "阶段运营策略"页

4. 插入和编辑 SmartArt 图形

制作"阶段推广策略"页，并插入 SmartArt 图形，然后进行编辑与美化，如图 10-112 所示。

制作"阶段执行计划"页，并插入 SmartArt 图形，然后进行编辑与美化，如图 10-113 所示。

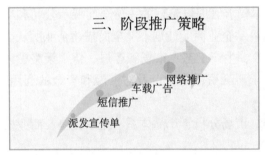

图 10-112 "阶段推广策略"页

图 10-113 "阶段执行计划"页

5. 插入图表

制作"阶段执行预算"页，并插入图表，然后进行编辑与美化，如图 10-114 所示。

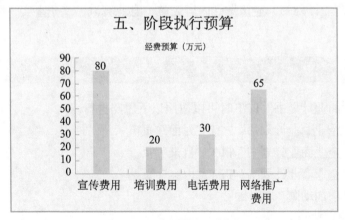

图 10-114 "阶段执行预算"页

任务11 动画的应用
——制作企业商业计划书

任务描述

"企业商业计划书"是指为一个商业发展计划而制作的书面文件。通常，"企业商业计划书"都是以投资人或相关利益载体为目标阅读者的，目的是说服他们进行投资或合作。"企业商业计划书"是公司、企业或项目单位在对项目调研、分析、搜集与整理有关资料的基础上，根据一定的格式和内容的具体要求而编辑整理的一份全面展示公司和项目状况、未来发展潜力与执行策略的书面材料。"企业商业计划书"全面描述企业所从事的业务，它详尽地介绍了一个公司的产品服务、生产工艺、市场和客户、营销策略、人力资源、组织架构、对基础设施和供给的需求、融资需求，以及对资源和资金的利用。制作"企业商业计划书"PPT要做到以下几点。

（1）"企业商业计划书"应涵盖企业简介、市场分析、产品体系、竞争优势、商业模式、发展规划、融资计划等内容。

（2）"企业商业计划书"应真实、科学地反映项目的投资价值。

（3）"企业商业计划书"关注产品、敢于竞争、市场调研充分，提供有力的资料说明、表明行动的方针、展示优秀团队，具有良好的财务预算、出色的计划概要等要点。

（4）"企业商业计划书"应该做到内容完整、意愿真诚、基于事实、结构清晰、通俗易懂。

设计思路

制作"企业商业计划书"PPT时可以按照以下思路进行。

（1）设计"企业商业计划书"PPT"封面"页。

（2）设计"企业商业计划书"PPT"目录"页。

（3）设计"企业商业计划书"PPT"内容"页。

（4）为内容添加动画。

（5）插入多媒体文件。

（6）添加切换效果。

◢ 涉及知识点

本任务主要涉及以下知识点。

（1）动画的使用。

（2）在幻灯片中插入多媒体文件。

（3）在幻灯片中添加切换效果。

（4）在幻灯片中插入超链接。

◢ 任务实现

11.1 ▶ 制作"封面"页

"企业商业计划书"PPT 最重要的部分就是"封面"页，"封面"页的内容包括标题和汇报人等信息，具体操作步骤如下。

11.1.1 设置"封面"页内容

第 1 步 启动 PowerPoint 2016，新建空白演示文稿，如图 11-1 所示。

图 11-1 新建空白演示文稿

第 2 步 单击【文件】选项卡，选择【另存为】选项，在弹出的【另存为】窗格中双击【这台电脑】选项，在弹出的【另存为】对话框中选择保存文件的位置，在【文件名】文本框中输入"企业商业计划书 .pptx"，单击【保存】按钮，保存演示文稿，如图 11-2 所示。

第 3 步 单击【视图】选项卡下【母版视图】选项组中的【幻灯片母版】按钮 幻灯片母版 ，即可进入幻灯片母版视图，如图 11-3 所示。

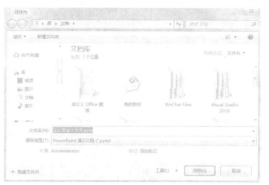

图 11-2　保存演示文稿

图 11-3　幻灯片母版视图

第 4 步　在左侧的幻灯片窗格中选择【标题幻灯片 版式】，如图 11-4 所示。

第 5 步　单击【插入】选项卡下的【图像】选项组中的【图片】按钮，如图 11-5 所示。

图 11-4　【标题幻灯片 版式】

图 11-5　【图片】按钮

第 6 步　在弹出的【插入图片】对话框中选择"封面背景图片 .png"文件，单击【插入】按钮，如图 11-6 所示。

第 7 步　已选择的图片即可插入幻灯片母版中，效果如图 11-7 所示。

图 11-6　插入图片

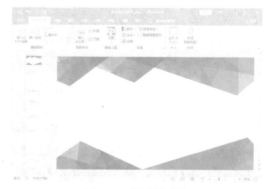

图 11-7　插入图片效果

第 8 步　把光标移动到图片右下角的控制点上，拖曳该控制点，可以调整图片大小。在图片上单击右键，在弹出的快捷菜单中选择【置于底层】选项，如图 11-8 所示。

第 9 步　将图片置于底层，使文本框显示出来，如图 11-9 所示。

图 11-8　【置于底层】选项

图 11-9　图片置于底层的效果

第 10 步　调整文本占位符的位置，在【开始】选项卡下【字体】选项组中设置标题的【字体】为【微软雅黑】,【字号】为【60】,【字体颜色】为【深蓝】；设置副标题的【字体】为【微软雅黑】,【字号】为【28】,【字体颜色】为【深蓝】。单击【开始】选项卡下【段落】选项组【对齐文本】按钮右侧的下拉按钮，在弹出的下拉列表中选择【中部对齐】选项，如图 11-10 所示。

第 11 步　在左侧的幻灯片窗格中选择【标题与内容 版式】，如图 11-11 所示。

图 11-10　设置文本格式

图 11-11　【标题与内容 版式】

第 12 步　单击【插入】选项卡下的【图像】选项组中的【图片】按钮，在弹出的【插入图片】对话框中选择"内容页图片 1.png"和"内容页图片 2.png"文件，如图 11-12 所示。

第 13 步　插入图片后，图片一般处于幻灯片中间位置，如图 11-13 所示。

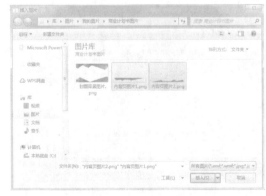
图 11-12　插入图片

图 11-13　插入图片效果

第 14 步　选择插入的图片，将图片放置到合适的位置，如图 11-14 所示。

第 15 步　调整文本占位符的位置，在【开始】选项卡下【字体】选项组中设置【字体】为【微软雅黑】，设置标题的【字号】为【40】，设置内容的【字号】为【24】，设置【字体颜色】为【深蓝】，在【开始】选项卡下【段落】选项组中设置标题为【居中对齐】，设置文本为【中部对齐】，如图 11-15 所示。

图 11-14　调整图片位置

图 11-15　设置文本字体格式

第 16 步　单击左上角【保存】按钮，在【幻灯片母版】选项卡下【关闭】选项组中单击【关闭幻灯片母版】按钮，关闭幻灯片母版，设置完成的母版效果如图 11-16 所示。

第 17 步　在"封面"页中输入"企业商业计划书"标题和汇报人信息，如图 11-17 所示。

图 11-16　设置完成的母版效果

图 11-17　"封面"页文字样例

第 18 步　选择标题文本框，在【绘图工具 / 格式】选项卡下【艺术字样式】选项组的【文本效果】的下拉列表中，选择【映像】选项中的"紧密映像：8 磅 偏移量"选项，如图 11-18 所示。

第 19 步　完成"封面"页的设置，如图 11-19 所示。

图 11-18　文本效果选项

图 11-19　"封面"页的效果

11.1.2 在"封面"页插入音频

第 1 步　在【插入】选项卡下【媒体】选项组中单击【音频】按钮下的下拉按钮，如图 11-20 所示。

第 2 步　在弹出的下拉列表中选择【PC 上的音频】选项，如图 11-21 所示。

图 11-20 【媒体】下拉按钮

图 11-21 【PC 上的音频】选项

第 3 步　在弹出的【插入音频】对话框中选择"勇气就是力量 .mp3"音频文件，单击【插入】按钮，如图 11-22 所示。

第 4 步　完成音频的插入操作，如图 11-23 所示。

图 11-22 【插入音频】对话框

图 11-23 插入音频

第 5 步　选择【音频】按钮，在【音频工具 / 播放】选项卡下【音频选项】选项组中，在【开始】后的选项框中选择【自动】，如图 11-24 所示。

第 6 步　在【音频工具 / 播放】选项卡下【音频选项】选项组中，勾选【循环播放，直到停止】和【放映时隐藏】复选框，如图 11-25 所示。

图 11-24 自动播放设置

图 11-25 音频设置

第 7 步　调整【音频】按钮位置，完成音频的设置，效果如图 11-26 所示。

图 11-26　设置音频的效果

11.1.3　在"封面"页添加动画

第 1 步　选择"封面"页中"企业商业计划书"文本框，在【动画】选项卡下【高级动画】选项组中单击【添加动画】按钮下的下拉按钮，在弹出的下拉列表中选择【飞入】选项，如图 11-27 所示。

第 2 步　为文字添加飞入动画效果，文本框左上角会显示一个动画标记，如图 11-28 所示。

图 11-27　添加动画

图 11-28　动画标记

第 3 步　单击【动画】选项卡下【动画】选项组中的【效果选项】按钮下的下拉按钮，在弹出的下拉列表中选择【方向】选项区域中的【自左侧】选项，如图 11-29 所示。

第 4 步　在【动画】选项卡下【计时】选项组中【开始】后的选项框中选择【与上一动画同时】，如图 11-30 所示。

第 5 步　单击【动画】选项卡下【预览】组中【预览】按钮，查看动画效果，如图 11-30 所示。

第 6 步　选择"封面"页中的"广东名扬科技有限公司 王刚"文本框，单击【动画】选项卡下【动画】选项组中【其他】按钮，如图 11-32 所示。

图 11-29　动画方向选项

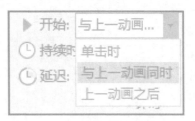

图 11-30　动画开始方式选择

图 11-31　预览动画效果

图 11-32　【动画】选项组

第 7 步　在弹出的下拉列表中选择【进入】选项区域中的【飞入】选项，如图 11-33 所示。

第 8 步　单击【动画】组中的【效果选项】按钮下的下拉按钮，在弹出的下拉列表中选择【方向】选项区域中的【自底部】选项，如图 11-34 所示。

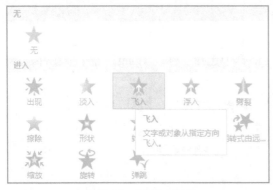

图 11-33　动画样式选择

图 11-34　动画方向选项

第 9 步　在【动画】选项卡下【计时】组中【开始】后的选项框中选择【上一动画之后】，如图 11-35 所示。

第 10 步　完成"封面"页动画设置，效果如图 11-35 所示。

第 11 步　单击左上角【保存】按钮，保存幻灯片。

图 11-35　动画开始方式选择

图 11-36　"封面"页动画设置效果

11.2　制作"目录"页

制作好演示文稿的"封面"页后，需要为其添加"目录"页，具体操作步骤如下。

11.2.1　制作"目录"页内容

第 1 步　新建幻灯片，在幻灯片标题文本框中输入"目录"文本，删除内容文本框，如图 11-37 所示。

第 2 步　单击【插入】选项卡下【图像】选项组中的【图片】按钮，如图 11-38 所示。

图 11-37　输入"目录"文字

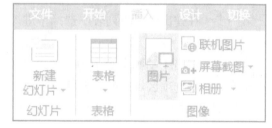

图 11-38　插入图片

第 3 步　在弹出的【插入图片】对话框中选择"标题 1.png"等 4 个文件，单击【插入】按钮，如图 11-39 所示。

第 4 步　将图片插入幻灯片中，适当调整图片位置，如图 11-40 所示。

图 11-39　【插入图片】对话框

图 11-40　调整图片位置

第5步　单击【插入】选项卡下【文本】选项组中【文本框】按钮，如图 11-41 所示。

图 11-41　【文本框】按钮

第6步　按住鼠标左键，在幻灯片中拖动光标绘制文本框，并在文本框内输入"01.公司介绍"，设置文本的【字体】为【微软雅黑】，设置【字号】为【28】，如图 11-42 所示。

第7步　重复第6步的操作，制作"目录"页内容，效果如图 11-43 所示。

图 11-42　设置文本格式

图 11-43　"目录"页效果

11.2.2　在"目录"页添加动画

第1步　选择"目录"文本框，选择【动画】选项卡下【动画】选项组中【飞入】选项，在【效果选项】下拉列表中的的【方向】选项区域选择【自底部】选项，如图 11-44 所示。

第2步　在【动画】选项卡下的【计时】选项组中，在【开始】后的选项框中选择【与上一动画同时】选项，如图 11-44 所示。

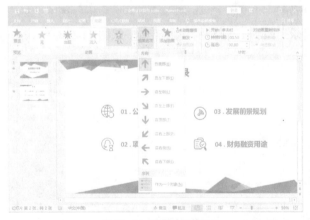

图 11-44　设置动画效果

图 11-45　设置动画开始方式

第3步　按住【Ctrl】键，同时选择标题 1 及其左侧的图片，如图 11-46 所示。

第4步　单击【动画】选项卡下【动画】选项组中【飞入】选项，在【效果选项】下拉选项中选择【自底部】选项，如图 11-47 所示。

第5步　在【动画】选项卡下的【计时】选项组中，在【开始】后的选项框中选择【上一动画之后】选项，如图 11-48 所示。

第6步　重复第4步和第5步操作，为其他标题添加动画，效果如图 11-49 所示。

图 11-46 选择文字及图片

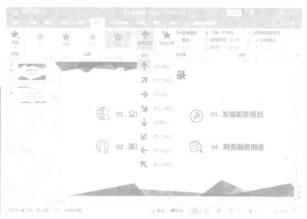

图 11-47 设置动画效果

图 11-48 动画开始方式选择

图 11-49 "目录"页动画效果

第 7 步 单击【动画】选项卡下【高级动画】选项组中【动画窗格】按钮，在幻灯片右侧弹出【动画窗格】，如图 11-50 所示。

第 8 步 选择第一个"标题 1：目录"动画，可显示动画样式，如图 11-51 所示。

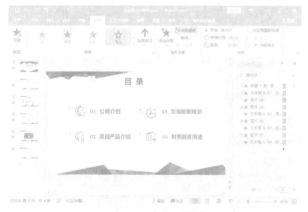

图 11-50 【动画窗格】

图 11-51 显示动画样式

第 9 步 单击第一个"标题 1：目录"动画右侧的下拉按钮 ，在弹出的下拉列表中勾选【从上一项开始】选项，如图 11-52 所示。

第 10 步 单击第二个动画右侧的下拉按钮 ，在弹出的下拉列表中勾选【从上一项开始】选项，如图 11-53 所示。

图 11-52 设置动画播放方式

图 11-53 设置动画播放方式

第 11 步　重复第 10 步操作，按照顺序设置其他动画的开始方式，如图 11-54 所示，全部设置为【从上一项开始】。

第 12 步　单击【动画】选项卡下【预览】选项组中【预览】按钮，预览动画效果，如图 11-55 所示。

图 11-54 设置动画播放方式

图 11-55 动画效果预览

第 13 步　单击左上角【保存】按钮，保存幻灯片。

11.3　制作"公司介绍"页

公司介绍涵盖"公司发展历程""公司团队介绍""公司宣传片"等内容，具体操作步骤如下。

11.3.1　制作"公司发展历程"页

第 1 步　新建幻灯片，在标题文本框输入"公司发展历程"，删除内容文本框，如图 11-56 所示。

第 2 步　单击【插入】选项卡下【插图】选项组中【SmartArt】按钮 SmartArt，在弹出的【选择 SmartArt 图形】对话框的【流程】选项区域中选择【基本日程表】，如图 11-57 所示。

图 11-56　输入文字

图 11-57　【选择 SmartArt 图形】对话框

第 3 步　完成 SmartArt 图形的添加，如图 11-58 所示。

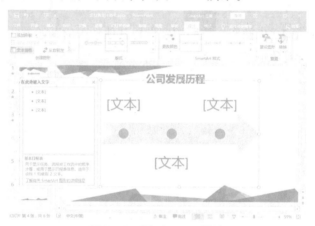

图 11-58　添加 SmartArt 图形

第 4 步　在 SmartArt 图形左侧的文本框中输入相关文字，如图 11-59 所示。

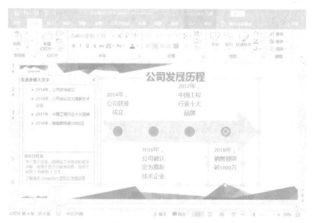

图 11-59　输入文字

　　第 5 步　在【开始】选项卡下【字体】选项组中，设置【字体】为【微软雅黑】，设置【字号】为【24】，调整文本框的宽度，效果如图 11-60 所示。

　　第 6 步　在【SmartArt 工具 / 设计】选项卡下的【SmartArt 样式】选项组中，单击【更改颜色】按钮，在弹出的下拉列表中的【彩色】选项区域中选择"彩色范围 - 个性色 5 至 6"，效果如图 11-61 所示。

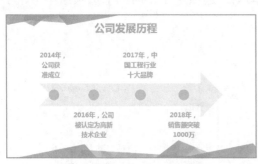

图 11-60　设置文本格式效果　　　　　　　　图 11-61　SmartArt 图形颜色设置

第 7 步　在【SmartArt 工具 / 设计】选项卡下的【SmartArt 样式】选项组中，单击【其他】按钮 ，在弹出的下拉列表【三维】选项区域中选择【卡通】选项，如图 11-62所示。

第 8 步　设置并调整 SmartArt 图形效果，如图 11-63 所示。

图 11-62　SmartArt 图形样式选择　　　　　　图 11-63　设置并调整 SmartArt 图形效果

第 9 步　选择"公司发展历程"文本框，选择【动画】选项卡下【动画】选项组中【飞入】选项，在【效果选项】下拉列表中选择【自底部】选项，如图 11-64 所示。

图 11-64　动画样式设置

第 10 步　在【动画】选项卡下的【计时】选项组的【开始】选项框中选择【与上一动画同时】选项，如图 11-65 所示。

第 11 步　选择 SmartArt 图形，单击【动画】选项卡下【动画】选项组中【轮子】选项，如图 11-66 所示。

图 11-65　动画开始方式设置

图 11-66　设置动画样式

第 12 步　在【动画】选项卡下的【计时】选项组的【开始】选项框中选择【上一动画之后】选项，如图 11-67 所示。

第 13 步　单击【动画】选项卡下【高级动画】选项组中【动画窗格】按钮，在幻灯片右侧弹出【动画窗格】，如图 11-68 所示。

图 11-67　动画开始方式设置

图 11-68　【动画窗格】

图 11-69　设置动画播放方式

第 14 步　单击第一个"标题 1：目录"动画右侧的下拉按钮 ，在弹出的下拉列表中勾选【从上一项开始】选项，如图 11-69 所示。

第 15 步　单击第二个动画右侧的下拉按钮 ，在弹出的下拉列表中勾选【从上一项开始】选项，如图 11-70 所示。

第 16 步　添加动画后效果，如图 11-71 所示。

第 17 步　单击左上角【保存】按钮，保存幻灯片。

图 11-70 设置动画播放方式

图 11-71 动画效果

11.3.2 制作"公司团队介绍"页

第 1 步　新建幻灯片，在标题文本框中输入"公司团队介绍"，删除内容文本框，如图 11-72 所示。

第 2 步　单击【插入】选项卡下【图像】选项组中的【图片】按钮，在弹出的【插入图片】对话框中选择"公司团队 .png"文件，如图 11-73 所示。

图 11-72 输入文字

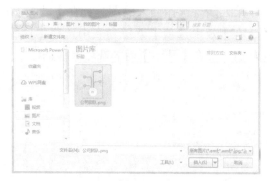

图 11-73 【插入图片】对话框

第 3 步　完成图片的插入操作，如图 11-74 所示。

第 4 步　单击【插入】选项卡下【文本】选项组中【文本框】按钮，利用光标在幻灯片中拖曳出文本框，并在文本框中输入"王刚 企业创始人"，设置【字体】为【微软雅黑】，设置【字号】为【24】，选择【加粗】，设置字体【颜色】为【RGB（28,141,142）】，如图 11-75 所示。

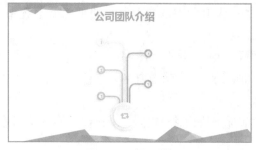

图 11-74 插入图片

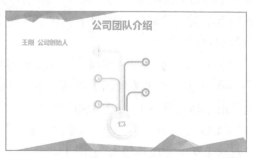

图 11-75 设置文本格式

第5步　重复第4步的操作，设置文本框，输入"清华大学博士，国家万人计划专家"，设置【字体】为【微软雅黑】，设置【字号】为【18】，如图11-76所示。

第6步　重复第4步和第5步的操作，输入公司团队介绍内容，如图11-77所示。

图11-76　输入文字效果　　　　　　　　　　图11-77　"公司团队介绍"页

第7步　选择"公司团队介绍"文本框，在【动画】选项卡下【动画】选项组中选择【飞入】选项，在【效果选项】下拉列表中选择【自底部】选项，在【动画】选项卡下的【计时】选项组中，在【开始】后的选项框中选择【与上一动画同时】选项，如图11-78所示。

第8步　选择插入的图片，在【动画】选项卡下【动画】选项组中选择【擦除】选项，在【效果选项】下拉列表中选择【自底部】选项，在【动画】选项卡下的【计时】选项组中，在【开始】后的选项框中选择【上一动画之后】选项，如图11-79所示。

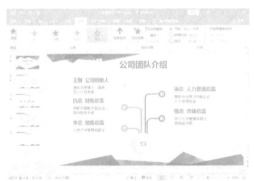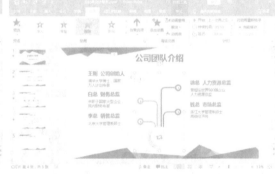

图11-78　标题动画设置　　　　　　　　　　图11-79　图片动画设置

第9步　按【Ctrl】键，选择公司创始人及其详细介绍两个文本框，在【动画】选项卡下【动画】选项组中的【进入】选项区域中选择【翻转式由远及近】选项，在【动画】选项卡下的【计时】选项组中，在【开始】后的选项框中选择【上一动画之后】选项，如图11-80所示。

第10步　重复第9步操作，为其他内容设置动画，效果如图11-81所示。

第11步　单击【动画】选项卡下【高级动画】组中【动画窗格】按钮，在幻灯片右侧弹出【动画窗格】，如图11-82所示。

第12步　单击第一个"标题1：目录"动画右侧的下拉按钮▼，在弹出的下拉列表中勾选【从上一项开始】，如图11-83所示。

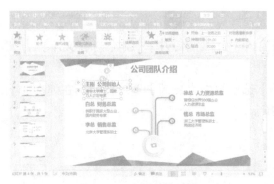

图 11-80　文本框动画设置

图 11-81　"公司团队介绍"页动画效果

图 11-82　【动画窗格】

图 11-83　【动画窗格】

第 13 步　单击第二个动画右侧的下拉按钮 ，在弹出的下拉列表中勾选【从上一项开始】，如图 11-84 所示。

第 14 步　设置动画排列顺序，如图 11-85 所示。

图 11-84　设置动画播放方式

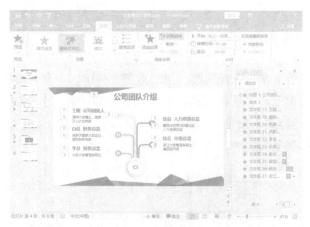

图 11-85　设置动画排列顺序

第 15 步　单击左上角【保存】按钮，保存幻灯片。

11.3.3 制作"公司宣传片"页

第 1 步　新建幻灯片，在标题文本框输入"公司宣传片"，删除内容文本框，如图 11-86 所示。

第 2 步　单击【插入】选项卡下【媒体】选项组中【视频】下拉按钮，在弹出的下拉列表中选择【PC 上的视频】，如图 11-87 所示。

图 11-86　输入文字　　　　　　　　　　　　　图 11-87　插入视频

第 3 步　在弹出的【插入视频文件】对话框中，选择"视频样式 .mp4"音频文件，如图 11-88 所示。

图 11-88　【插入视频文件】对话框

第 4 步　选择视频，拖动视频文件的四个角调整视频大小，如图 11-89 所示。

第 5 步　选择视频，在【视频工具 / 格式】选项卡下【视频样式】选项组中，单击【其他样式】按钮，如图 11-90 所示。

图 11-89　插入视频效果　　　　　　　　　　图 11-90　【视频样式】选项组

第 6 步　在弹出的下拉选项中，选择【强烈】选项区域中的【棱台影响，白色】，如图 11-91 所示。

第 7 步　选择视频，在【视频工具 / 播放】选项卡下【视频选项】选项组中，在【开始】选项框中选择【自动】选项，如图 11-92 所示。

第 8 步　设置后的视频效果，如图 11-93 所示。

图 11-91　视频样式选择

图 11-92　设置视频播放方式

图 11-93　视频样式效果

第 9 步　单击左上角【保存】按钮，保存幻灯片。

11.4 　制作"项目产品介绍"页

第 1 步　新建幻灯片，在标题文本框中输入"项目产品介绍"，删除内容文本框，如图 11-94 所示。

第 2 步　单击【插入】选项卡下【图像】选项组中【图片】按钮，在弹出的【插入图片】对话框中选择"产品 .png"图片文件，如图 11-95 所示。

图 11-94　输入文字

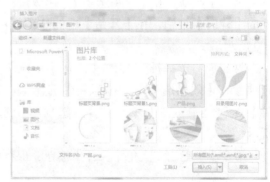

图 11-95　【插入图片】对话框

第 3 步　调整图片的大小和位置，效果如图 11-96 所示。

第 4 步　单击【插入】选项卡下【文本】选项组中的【文本框】选项，利用光标在幻灯片中拖曳出文本框，输入"智慧家居产品"，设置【字体】为【微软雅黑】、【字号】为【24】，选择【加粗】，如图 11-97 所示。

图 11-96　插入图片效果

图 11-97　输入文字

第 5 步　重复第 4 步操作，添加其他产品名称，如图 11-98 所示。

第 6 步　按【Ctrl】键，选择图片和 4 个文本框，单击【绘图工具 / 格式】选项卡下【排列】选项组中【组合】下拉按钮，在弹出的下拉列表中选择【组合】选项，如图 11-99 所示。

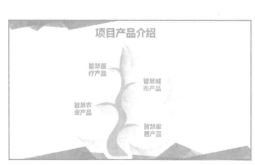
图 11-98　输入文字

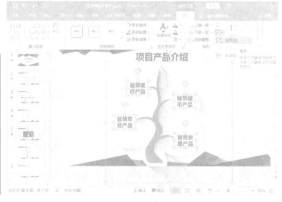
图 11-99　图形与文字组合

第 7 步　选择"项目产品介绍"文本框，在【动画】选项卡下【动画】选项组中选择【飞入】选项，在【效果选项】下拉列表中选择【自底部】选项，在【动画】选项卡下的【计时】组中，在【开始】后的选项框中选择【与上一动画同时】选项，如图 11-100 所示。

第 8 步　选择插入的图片，在【动画】选项卡下【动画】选项组中选择【擦除】选项，在【效果选项】下拉列表中选择【自底部】选项，在【动画】选项卡下的【计时】选项组中，在【开始】后的选项框中选择【上一动画之后】选项，如图 11-101 所示。

第 9 步　单击左上角【保存】按钮，保存幻灯片。

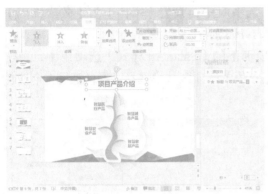

図 11-100 标题动画设置　　　　図 11-101 图片动画设置

11.5 ▶ 制作"发展前景规划"页

第 1 步　新建幻灯片,在标题文本框中输入"发展前景规划",删除内容文本框,如图 11-102 所示。

第 2 步　单击【插入】选项卡下【插图】选项组中【SmartArt】按钮 SmartArt,在弹出的【选择 SmartArt 图形】对话框的【流程】选项组中选择【步骤上移流程】,如图 11-103 所示。

图 11-102 输入文字

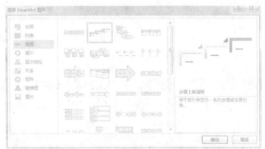

图 11-103 【选择 SmartArt 图形】对话框

第 3 步　完成 SmartArt 图形的添加,如图 11-104 所示。

第 4 步　在 SmartArt 图形左侧的文本录入框中输入相关文字,如图 11-105 所示。

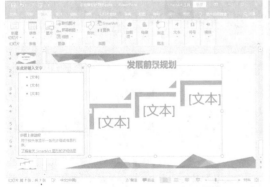

图 11-104 添加 SmartArt 图形

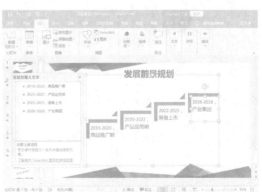

图 11-105 输入文字

第 5 步　在【开始】选项卡下【字体】选项组中，设置【字体】为【微软雅黑】、【字号】为【24】，调整文本框的宽度，如图 11-106 所示。

第 6 步　在【SmartArt 工具 / 设计】选项卡下的【SmartArt 样式】选项组中，单击【更改颜色】按钮，在弹出的下拉列表中的【彩色】选项区域中选择【彩色范围 - 个性色 4 至 5】选项，如图 11-107 所示。

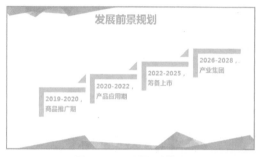

图 11-106　设置文字格式

图 11-107　SmartArt 图形颜色设置

图 11-108　SmartArt 图形样式样例

第 7 步　在【SmartArt 工具 / 设计】选项卡下的【SmartArt 样式】选项组中，单击【其他】按钮，在弹出的下拉列表的【三维】选项区域中选择【优雅】选项，如图 11-108 所示。

第 8 步　选择"发展前景规划"文本框，在【动画】选项卡下【动画】选项组中选择【飞入】选项，在【效果选项】下拉列表中选择【自底部】选项，在【动画】选项卡下的【计时】选项组中，在【开始】后的选项框中选择【与上一动画同时】，如图 11-109 所示。

第 9 步　选择 SmartArt 图形，在【动画】选项卡下【动画】选项组中选择【劈裂】选项，在【动画】选项卡下的【计时】选项组中，在【开始】后的选择框中选择【上一动画之后】选项，如图 11-110 所示。

图 11-109　标题动画设置　　　　　　图 11-110　图片动画设置

第 10 步　单击左上角【保存】按钮，保存幻灯片。

第1步 新建幻灯片，在标题文本框中输入"财务融资用途"，删除内容文本框，如图 11-111 所示。

第2步 单击【插入】选项卡下【插图】选项组中【图表】按钮，在弹出的【插入图表】对话框中的【饼图】选项组中选择【圆环图】，如图 11-112 所示。

图 11-111 输入文字

图 11-112 【插入图表】对话框

第3步 插入图表后的效果如图 11-113 所示。

第4步 在【Microsoft PowerPoint 中的图表】对话框中输入相关内容，如图 11-114 所示。

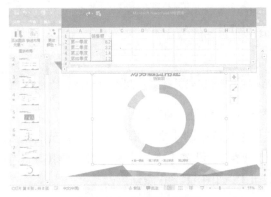

图 11-113 插入图表的效果

图 11-114 输入相关内容

第5步 设置后的图表如图 11-115 所示。

第6步 调整图表中的文字的位置和大小，效果如图 11-116 所示。

第7步 选择"财务融资用途"文本框，在【动画】选项卡下【动画】选项组中选择【飞入】选项，在【效果选项】下拉列表中选择【自底部】选项，在【动画】选项卡下的【计时】选项组中，在【开始】后的选项框中选择【与上一动画同时】选项，如图 11-117 所示。

图 11-115 图表效果

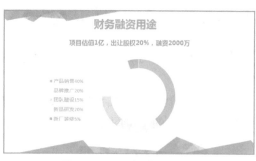
图 11-116 调整图表文字效果

第 8 步　选择 SmartArt 图形，在【动画】选项卡下【动画】选项组中选择【劈裂】选项，在【动画】选项卡下的【计时】选项组中，在【开始】后的选项框中选择【上一动画之后】，如图 11-118 所示。

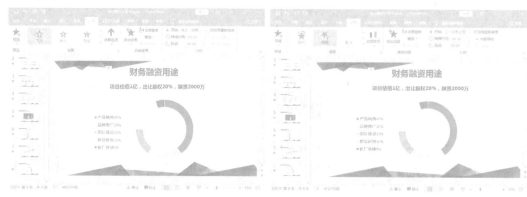

图 11-117 标题动画设置　　　　　　　图 11-118 图表动画设置

第 9 步　单击左上角【保存】按钮，保存幻灯片。

11.7 制作"结束"页

第 1 步　新建幻灯片，删除标题占位符和内容占位符，如图 11-119 所示。

第 2 步　单击【插入】选项卡下【文本】选项组中的【文本框】按钮，用光标在幻灯片中拖曳出文本框，输入"演示完毕，谢谢观看"，设置【字体】为【微软雅黑】、【字号】为【60】、【颜色】为【深蓝】，选择【加粗】，如图 11-120 所示。

图 11-119 新建空白幻灯片

图 11-120 输入文字

第3步 单击【绘图工具/格式】选项卡下【艺术字样式】选项组中【文本效果】选项右侧的下拉按钮，在弹出的下拉列表中选择【映像】选项组中的【半映像：4磅 偏移量】，如图11-121所示。

第4步 设置后的效果如图11-122所示。

图 11-121 设置文本效果

图 11-122 设置后的效果

第5步 选择文本框，在【动画】选项卡下【动画】选项组中选择【字体颜色】选项，如图11-123所示。

图 11-123 设置字体颜色

第6步 单击左上角【保存】按钮，保存幻灯片。

11.8 ▶ 为幻灯片添加切换效果

在幻灯片中添加幻灯片切换效果可以使切换幻灯片显得更加自然，并使幻灯片各个主题的切换更加流畅。在"企业商业计划书"PPT各张幻灯片之间添加切换效果的具体步骤如下。

第1步 选择第1张幻灯片，单击【切换】选项卡下【切换到此幻灯片】选项组中【其他】下拉按钮，在弹出的下拉列表中的【华丽】选项区域选择【飞机】选项，如图 11-124 所示。

第 2 步　单击【切换】选项卡下【切换到此幻灯片】选项组中【效果选项】下拉按钮，在下拉列表中选择【向右】选项，如图 11-125 所示。

图 11-124　设置切换效果

图 11-125　设置切换方向

第 3 步　在【切换】选项卡下【计时】选项组中的【声音】下拉选项框中选择【箭头】选项，在【持续时间】选项框中将持续时间设置为【01.00】，如图 11-126 所示。

第 4 步　在【切换】选项卡下【计时】选项组中勾选【单击鼠标时】复选框和【设置自动换片时间】复选框，在【设置自动换片时间】选项框中设置自动换片时间为【01:00:00】，如图 11-127 所示。

图 11-126　设置切换声音

图 11-127　设置换片方式

第 5 步　设置完成后，幻灯片切换效果如图 11-128 所示。

第 6 步　使用同样的方法设置第 2 张幻灯片的切换效果为【闪耀】，如图 11-129 所示。

图 11-128　切换效果

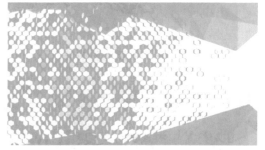

图 11-129　【闪耀】切换效果

第 7 步　使用同样的方法设置第 3 张幻灯片的切换效果为【涡流】，如图 11-130 所示。

第 8 步　使用同样的方法设置第 4 张幻灯片的切换效果为【棋盘】，如图 11-131 所示。

图 11–130 【涡流】切换效果

图 11–131 【棋盘】切换效果

第9步　使用同样的方法设置第5张幻灯片的切换效果为【蜂巢】，如图11-132所示。

第10步　使用同样的方法设置第6张幻灯片的切换效果为【切换】，如图11-133所示。

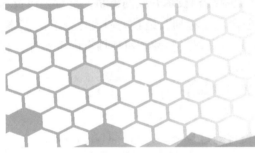

图 11–132 【蜂巢】切换效果

图 11–133 【切换】切换效果

第11步　使用同样的方法设置第7张幻灯片的切换效果为【切换】，如图11-134所示。

第12步　使用同样的方法设置第8张幻灯片的切换效果为【库】，如图11-135所示。

图 11–134 【切换】切换效果

图 11–135 【库】切换效果

第13步　使用同样的方法设置第9张幻灯片的切换效果为【随机】，如图11-136所示。

图 11–136 【随机】切换效果

拓展训练

本拓展训练以制作"公司发展规划"PPT为例,具体要求如下。

"公司发展规划"是一定时期内公司对发展方向、发展速度与质量、发展点及发展能力的重大选择、规划及策略。"公司发展规划"可以指引公司长远发展方向,明确公司发展目标,并确定公司需要的发展能力,"公司发展规划"的真正目的就是要解决公司的发展问题,实现公司快速、健康、持续发展。

"公司发展规划"的基本属性是相同的,都是对公司整体性、长期性、基本性问题的谋划。例如,"公司竞争规划"是对公司竞争的谋略,是对公司竞争整体性、长期性、基本性问题的谋划;"公司营销规划"是对公司营销的谋略,是对公司营销整体性、长期性、基本性问题的谋划;"公司技术开发规划"是对公司技术开发的谋略,是对公司技术开发整体性、长期性、基本性问题的谋划;"公司人才规划"是对公司人才开发的谋略,是对公司人才开发整体性、长期性、基本性问题的谋划。各种公司规划有同也有异,相同的是基本属性,不同的是谋划问题的层次与角度。

制作"公司发展规划"PPT可以按照以下思路进行。

1. 制作"封面"页

新建演示文稿,新建"封面"页幻灯片,设置幻灯片母版,如图11-137所示。

插入图片、图形和音频,插入文本框并输入相关文字,设置文字的样式和字号,"封面"页如图11-138所示。

图 11-137　设置幻灯片母版

图 11-138　"封面"页

为图片、图形和文本框设置动画样式,效果如图11-139所示。

2. 制作"目录"页

插入图片、图形和相关文本,制作"目录"页,如图11-140所示。

为图片、图形和相关文本等元素添加动画,如图11-141所示。

3. 制作公司简介

插入图形和文字,制作"公司发展历程"页,如图11-142所示。

组合内容中的图形和文字,为"公司发展历程"页设置动画,如图11-143所示。

复制"公司发展历程"页，更改标题，删除图片，插入视频文件，制作"公司宣传片"页，如图 11-144 所示。

图 11-139 设置动画效果

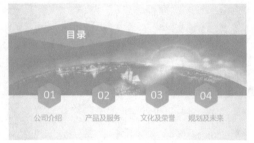

图 11-140 "目录"页

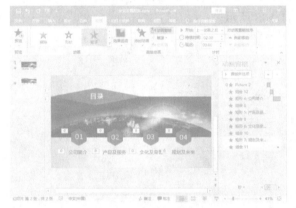

图 11-141 为"目录"页设置动画

图 11-142 "公司发展历程"页

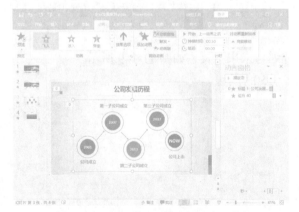

图 11-143 为"公司发展历程"页设置动画

图 11-144 "公司宣传片"页

4. 制作"产品与服务"页

插入图片、图形和文字后，"产品与服务"页如图 11-145 所示。

为图片、图形和文本添加动画后，效果如图 11-146 所示。

图 11-145 "产品与服务"页   图 11-146 为"产品与服务"页设置动画

5. 制作"文化及荣誉"页

插入图片、图形和文字后,制作"文化与荣誉"页,如图 11-147 所示。

设置图片、图形和文字动画,如图 11-148 所示。

图 11-147 "文化与荣誉"页   图 11-148 为"文化与荣誉"页设置动画

6. 制作"规划与未来"页

插入图片、图形和文字后,制作"规划与未来"页,如图 11-149 所示。

设置图片、图形和文字动画,如图 11-150 所示。

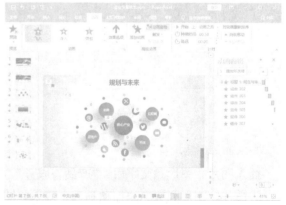

图 11-149 "规划与未来"页   图 11-150 为"规划与未来"页设置动画

7. 制作"结束"页

复制"封面"页，保留主标题文本框，删除其他文本框，更改主标题文本框文字，制作"结束"页，如图 11-151 所示。

图 11-151 "结束"页

8. 为幻灯片添加切换效果

为每个幻灯片随机设置切换效果，最终效果如图 11-152 所示。

图 11-152 最终效果

任务12   幻灯片的应用技巧
——制作企业管理培训

任务描述

　　"企业管理培训"是企业或针对企业开展的，为了提高人员素质、能力、工作绩效和对组织的贡献而实施的有计划、有系统的培养和训练活动。"企业管理培训"的目标是使员工的知识、技能、工作方法、工作态度及工作的价值观得到改善和提高，使其发挥最大的潜力，以提高个人和企业的业绩，推动企业和个人的不断进步，实现企业和个人的双重发展。

　　制作完"企业管理培训"PPT 后，在企业管理培训的过程中将会涉及 PPT 的播放与展示、PPT 的分享、PPT 格式转换、幻灯片的打印、PPT 的无线投屏等问题，本任务将解决以上问题，帮助企业在企业管理培训过程中轻松应对。

设计思路

　　制作并使用"企业管理培训"PPT 时可以按照以下思路进行。
　　（1）保护 PPT 文件。
　　（2）PPT 不同格式的保存。
　　（3）PPT 的打印。
　　（4）PPT 的播放与展示。
　　（5）PPT 的格式转换。

涉及知识点

　　本任务主要涉及以下知识点。
　　（1）PPT 文件的保护。
　　（2）PPT 文件的保存。
　　（3）PPT 的打印。
　　（4）PPT 的放映。
　　（5）PPT 的格式转换。

▲ 任务实现

12.1 ▶ 保护 PPT 文件

在 PowerPoint 2016 中，可以为 PPT 文件设置访问密码、只读模式或最终版本，以防止无关人员随意打开或更改 PPT 文件内容；还可以设置自动保存，以防止因没有保存造成的信息丢失。

12.1.1 设置 PPT 的保护

设置 PPT 的保护的具体操作步骤如下。

第 1 步　打开"企业管理培训"PPT，如图 12-1 所示。

图 12-1 "企业管理培训"PPT

第 2 步　单击【文件】选项卡，在弹出的窗口中，选择【信息】选项，右侧出现【信息】窗格，如图 12-2 所示。

图 12-2 "信息"窗格

第 3 步　在【信息】窗格中单击【保护演示文稿】左侧的按钮，弹出【保护演示文稿】下拉列表，如图 12-3 所示。

第 4 步　选择【用密码进行加密】选项，弹出【加密文档】对话框，如图 12-4 所示。

第 5 步　在【密码】文本框中输入密码"123456"，单击【确定】按钮。需再次确认密码后，密码才会生效，如图 12-5 所示。

图 12-3 【保护演示文稿】下拉列表

图 12-4 【加密文档】对话框

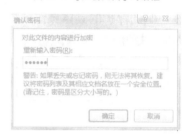

图 12-5 确认密码

第 6 步　保存并关闭幻灯片后，再次打开此演示文稿时，需要输入密码才能看到内容，如图 12-6 所示。

一定要牢记密码，如果没有密码就不可能打开演示文稿。为方便操作，本任务后续操作以无密码状态进行。

第 7 步　在【保护演示文稿】下拉列表中选择【始终以只读方式打开】选项，如图 12-7 所示。

图 12-6 输入密码

图 12-7 选择以只读方式打开

第 8 步　将演示文稿设置为只读方式，如图 12-8 所示。

第 9 步　再次打开演示文稿时，显示为只读状态，如图 12-9 所示。

只读状态旨在让用户只能查看演示文稿，不能编辑，以起到警示作用。用户可以单击【警示】框中的【仍然编辑】按钮，对演示文稿进行调整。

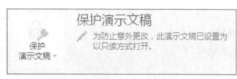

图 12-8　设置为只读方式

第 10 步　在【信息】窗口中的【保护演示文稿】下拉列表中再次选择【始终以只读方式打开】选项，取消只读模式。在【保护演示文稿】下拉列表中选择【标记为最终状态】选项，如图 12-10 所示。

图 12-9　只读状态

图 12-10　选择【标记为最终状态】选项

第 11 步　在弹出的【最终版本提示】对话框中单击【确定】按钮，如图 12-11 所示。

第 12 步　将演示文稿设置为最终状态，如图 12-12 所示。

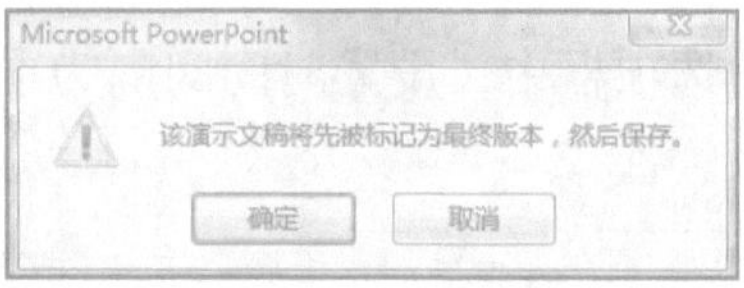

图 12-12　最终状态

图 12-11　【最终版本提示】对话框

最终状态与只读方式类似，可以起到警示作用，告诉用户不要对演示文稿进行编辑，用户可以单击【警示】框中的【仍然编辑】按钮，对演示文稿进行编辑。

12.1.2　设置自动保存

为演示文稿设置自动保存的具体步骤如下。

第1步 选择【文件】选项卡，在弹出的窗口左侧选择【选项】选项，如图 12-13
所示。

图 12-13 选择【选项】选项

第2步 在弹出的如图 12-14 所示的【PowerPoint 选项】对话框中选择【保存】选项。

图 12-14 【PowerPoint 选项】对话框

第3步 在【保存自动恢复信息时间间隔】右侧的选项框中，设置时间间隔为【5
分钟】，如图 12-15 所示。

图 12-15 设置时间间隔

12.2 ▶ 另存为不同格式

PowerPoint 2016 既可以将 PPT 保存为演示文档，也可以将 PPT 保存为其他格式，具体操作步骤如下。

第 1 步　打开"企业管理培训" PPT，选择【文件】选项卡下的【另存为】选项，如图 12-16 所示。

第 2 步　在【另存为】窗格中双击【这台电脑】，弹出【另存为】对话框，如图 12-17 所示。

图 12-16　选择【另存为】选项

图 12-17　【另存为】对话框

第 3 步　单击【保存类型】右侧选项框的下拉按钮，弹出保存格式下拉列表，如图 12-18 所示。

第 4 步　在保存格式下拉列表中涵盖了演示文稿、通用格式（PDF）、模板、播放文件、视频、图片等类型，用户可根据实际需求选择合适的保存格式。如果在保存格式下拉列表中选择【PDF（*.pdf）】选项，则可以将 PPT 文件保存为 PDF 文件，PDF 文件中的所有元素是不可编辑的，如果用户只想让其他人查阅内容，则可采用此格式，如图 12-19 所示。

图 12-18　保存格式下拉列表

图 12-19　PDF 格式

第 5 步　在保存格式下拉列表中选择【PowerPoint 模板（*.pptx）】选项，可将 PPT 文件另存为模板，如图 12-20 所示。

图 12-20　模板

第 6 步　模板可应用在新的演示文稿中。选择【文件】选项，在弹出的窗口中选择【新建】选项，在其右侧的【新建】窗格中单击【自定义】链接，选择【自定义 Office 模板】中的"企业管理培训"模板，即可使用该模板新建演示文稿。如图 12-21 所示。

第 7 步　在【另存为】对话框中的【保存类型】下拉列表中选择【PowerPoint 放映（*.ppsx）】选项，可将 PPT 文件另存为播放文件，打开该播放文件就可直接播放。如果想编辑播放文件，则需要在 PowerPoint 软件中打开文件。播放文件如图 12-22 所示。

图 12-21　模板选项

图 12-22　播放文件

第 8 步　在【保存类型】下拉列表中选择【MPEG-4 视频（*.mp4）】选项，可将 PPT 文件另存为视频文件，视频文件可完美保存 PPT 动态效果。在【保存类型】下拉列表中选择【JPEG 文件交换格式（*.jpg）】选项，可将 PPT 文件另存为图片文件，图片文件可完美保存相关版式和字体。图片文件如图 12-23 所示。

图 12-23　图片文件

12.3 ▶ 幻灯片的放映方式

可以对"企业管理培训"PPT 的放映方式进行设置，具体操作步骤如下。

12.3.1 设置 PPT 放映方式

在 PowerPoint 2016 中，演示文稿的放映方式包括演讲者放映、观众自行浏览和在展台浏览，具体放映方式的设置方法是，首先单击【幻灯片放映】选项卡下【设置】选项组中的【设置幻灯片放映】按钮，然后在弹出的【设置放映方式】对话框中进行放映类型、放映选项及换片方式等设置。

1. 演讲者放映

演讲者放映方式是指演讲者一边讲解一边放映幻灯片，这种演示方式一般用于比较正式的场合，如专题讲座、学术报告等。在幻灯片播放过程中，由演讲者通过鼠标、翻页器或键盘控制幻灯片的翻页及播放动画。在本任务中使用演讲者放映方式，具体操作步骤如下。

第 1 步　打开"企业管理培训"PPT，单击【幻灯片放映】选项卡下【设置】选项组中的【设置幻灯片放映】按钮，如图 12-24 所示。

图 12-24　设置幻灯片放映

第 2 步　弹出【设置放映方式】对话框，对话框中的默认设置即为演讲者放映方式，如图 12-25 所示。

第 3 步　在【放映选项】选项区域中勾选【循环放映，按 Esc 键终止】复选框，如图 12-26 所示，从而在最后一张幻灯片放映结束后自动返回第 1 张幻灯片重复放映，直到按【Esc 键】才能结束放映，如图 12-26 所示。

图 12-25　设置放映方式

图 12-26　循环放映

211

图 12-27　设置换片方式

第4步　在【推进幻灯片】选项区域中选择【手动】单选按钮，如图 12-27 所示，设置演示工程中的换片方式为手动，从而取消使用排练计时。

2. 观众自行浏览

观众自行浏览是指由观众自己动手播放幻灯片。在一些产品展示会、博物馆等场所会遇到这种类型的放映方式，观众可以通过触摸屏控制幻灯片的播放。观众单击幻灯片上的按钮，跳转到不同的页面或播放动画。将放映方式设置为观众自行浏览，具体操作步骤如下。

第1步　单击【幻灯片放映】选项卡下【设置】选项组中的【设置幻灯片放映】按钮，弹出【设置放映方式】对话框，在【放映类型】选项区域中选择【观众自行浏览（窗口）】单选按钮；在【放映幻灯片】选项区域中选择【从 ... 到 ...】单选按钮，并在第 2 个选项框中输入 "8"，设置从第 1 张到第 8 张的幻灯片放映方式为观众自行浏览，如图 12-28 所示。

第2步　单击【确定】按钮进行设置，按【F5】键进行演示文稿的放映。可以看到设置后，前 8 张幻灯片以窗口形式出现，并在下方显示状态栏，如图 12-29 所示。

图 12-28　观众自行浏览

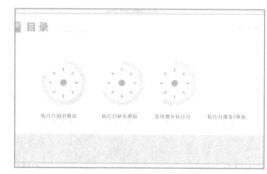

图 12-29　浏览样式

第3步　单击状态栏中的【普通视图】按钮，可以将演示文稿切换到普通视图状态。

3. 在展台浏览

在展台浏览是指可以让多媒体幻灯片自动放映而不需要演讲者操作。在展台或大型会议开始前播放公司介绍或会议介绍时，不需要专人手动播放，设置幻灯片的每页换片时间后，就可以自动在屏幕上播放幻灯片。

单击【幻灯片放映】选项卡下【设置】选项组中的【设置幻灯片放映】按钮，弹出【设置放映方式】对话框，在【放映类型】区域中选择【在展台浏览（全屏幕）】单选按钮，即可将放映方式设置为在展台浏览，如图 12-30 所示。

图 12-30　设置为在展台浏览

12.3.2　排练计时

用户通过调整排练计时为每张幻灯片设置适当的放映时间，从而更好地自动放映幻灯片，具体操作步骤如下。

第 1 步　单击【幻灯片放映】选项卡下【设置】选项组中的【排练计时】按钮，如图 12-31 所示。

第 2 步　放映幻灯片时，左上角出现【录制】对话框，在【录制】对话框内可以进行暂停、继续等操作，如 12-32 所示。

图 12-31　设置排练计时

图 12-32　【录制】对话框

第 3 步　幻灯片播放完成后，弹出【Microsoft PowerPoint】对话框，单击【是】按钮，保存幻灯片计时，如图 12-33 所示。

第 4 步　单击【幻灯片放映】选项卡下【开始放映幻灯片】选项组中【从头开始】按钮，如图 12-34 所示，即可放映幻灯片。

图 12-33　保存幻灯片计时

图 12-34　设置放映幻灯片

12.4　幻灯片的放映顺序

一般情况下，幻灯片的放映方式为普通手动放映。用户可以根据实际需要设置幻灯片的放映方式，如从头开始放映、从当前幻灯片开始放映、联机演示等。

12.4.1 从头开始放映

放映幻灯片一般是从头开始放映的，从头开始放映的具体操作步骤如下。

第1步 单击【幻灯片放映】选项卡下【设置】选项组中的【设置幻灯片放映】按钮，弹出【设置放映方式】对话框，在【放映类型】区域中选择【演讲者放映（全屏幕）】单选按钮，设置演讲者放映方式。在【幻灯片放映】选项卡的【开始放映幻灯片】选项组中单击【从头开始】按钮或按【F5】键演示幻灯片，如图 12-35 所示。

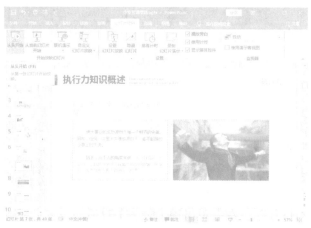

图 12-35 设置从头开始放映幻灯片

第2步 实现从头播放幻灯片，如图 12-36 所示。

图 12-36 幻灯片放映

12.4.2 从当前幻灯片开始播放

在放映幻灯片时可以从当前幻灯片开始放映，具体操作步骤如下。

第1步 选择第 7 张幻灯片，在【幻灯片放映】选项卡的【开始放映幻灯片】选项组中单击【从当前幻灯片开始】按钮或按【Shift+F5】组合键，如图 12-37 所示。

第2步 系统将从当前幻灯片开始播放幻灯片，按【Enter】键或【Space】键可切换到下一张幻灯片，如图 12-38 所示。

图 12-37　设置从当前幻灯片开始放映幻灯片

图 12-38　幻灯片放映

12.4.3　联机演示

PowerPoint 2016 提供了联机演示功能，通过该功能可以将 PPT 上传到微软公司的云端，然后分享链接，其他用户可以通过手机、平板电脑或其他设备，利用链接访问 PPT，实现多个屏幕同步播放。具体操作步骤如下。

图 12-39　联机演示

第 1 步　单击【幻灯片放映】选项卡下【开始放映幻灯片】选项组中的【联机演示】按钮，如图 12-39 所示。

第 2 步　弹出【联机演示】对话框，单击【连接】按钮，如图 12-40 所示。

第 3 步　弹出演示文稿链接地址，可以将该链接地址发送给其他用户，如图 12-41 所示。

图 12-40　【联机演示】对话框

图 12-41　链接地址

第 4 步　单击【联机演示】选项卡下【开始放映幻灯片】选项组中【从当前幻灯片开始】按钮，如图 12-42 所示。

第 5 步　其他用户可在手机、平板电脑或计算机的网页浏览器中粘贴共享的网址，即可观看联机演示，如图 12-43 所示。

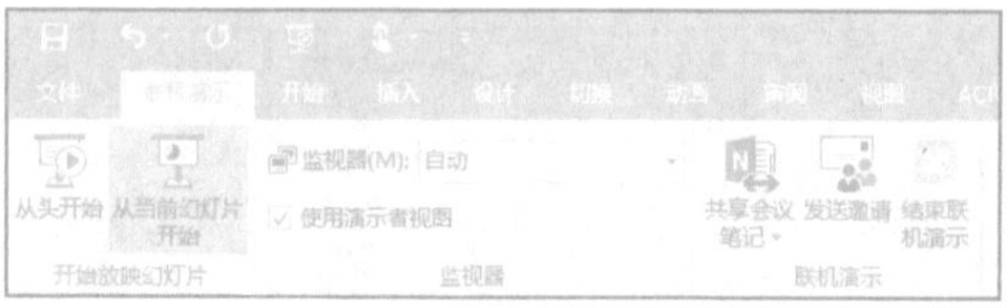

图 12-42　设置联机演示

图 12-43　观看联机演示

12.4.4　自定义幻灯片放映

利用 PowerPoint 的自定义幻灯片放映功能，可以为幻灯片设置多种放映方式，具体操作步骤如下。

第 1 步　在【幻灯片放映】选项卡下【开始放映幻灯片】选项组中单击【自定义幻灯片放映】下拉按钮，在弹出的下拉列表中选择【自定义放映】选项，如图 12-44 所示。

第 2 步　弹出【自定义放映】对话框，单击【新建】按钮，如图 12-45 所示。

图 12-44　【自定义放映】选项

图 12-45　【自定义放映】对话框

第 3 步　弹出【定义自定义放映】对话框，在【在演示文稿中的幻灯片】列表框中选择需要放映的幻灯片，然后单击【添加】按钮，即可将选择的幻灯片添加至【在自定义放映中的幻灯片】列表框中，如图 12-46 所示。

第 4 步　单击【确定】按钮返回【自定义放映】对话框，单击【放映】按钮，如图 12-47 所示。

第 5 步　从指定页码的幻灯片开始放映，效果如图 12-48 所示。

图 12-46 自定义放映设置　　　　　　　　　　图 12-47 【自定义放映】对话框

图 12-48 自定义放映效果

12.5 ▶ 放映幻灯片时的控制

在"企业管理培训"PPT 的放映过程中，可以控制幻灯片的跳转、放大幻灯片局部信息、为幻灯片添加注释等。

12.5.1 幻灯片的跳转

在放映幻灯片的过程中需要进行幻灯片的跳转，具体操作步骤如下。

第 1 步　选择"目录"页，将光标定位在"怎样提升执行力"文本框并单击鼠标右键，在弹出的快捷菜单中选择【超链接】选项，如图 12-49 所示。

第 2 步　弹出【插入超链接】对话框，在【链接到】选项区域选择链接的文件位置，本任务选择【本文档中的位置】，在中间的【请选择文档中的位置】的列表框中选择【29.幻灯片 29】选项，单击【确定】按钮，如图 12-50 所示。

第 3 步　在【操作设置】对话框中选择【超链接到】单选按钮，如图 12-51 所示。

第 4 步　重复上述操作，为"目录"页中其他项设置超链接。单击【幻灯片放映】选项卡下【开始放映幻灯片】选项组中的【从当前幻灯片开始】按钮，从"目录"页开始播放幻灯片，如图 12-52 所示。

第 5 步　在幻灯片播放时，单击"怎样提升执行力"超链接，如图 12-53 所示。

第 6 步　幻灯片跳转至超链接的幻灯片并继续播放，效果如图 12-54 所示。

图 12-49 【超链接】选项

图 12-50 插入超链接

图 12-51 超链接设置

图 12-52 【开始放映幻灯片】选项组

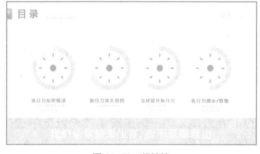

图 12-53 超链接

图 12-54 超链接效果

12.5.2 使用画笔做注释

　　若要使观众更加清晰地了解幻灯片所表达的意思，则需要在幻灯片中添加注释，具体操作步骤如下。

　　第 1 步　选择第 3 张幻灯片，单击【幻灯片放映】选项卡下【开始放映幻灯片】选项组中的【从当前幻灯片开始】按钮或按【Shift+F5】组合键放映幻灯片，如图 12-55 所示。

图 12-55　幻灯片放映

第2步　单击鼠标右键，在弹出的快捷菜单中的【指针选项】选项的子选项中选择【笔】选项，如图 12-56 所示。

第3步　当光标变成一个点时，即可在幻灯片中添加注释，如图 12-57 所示。

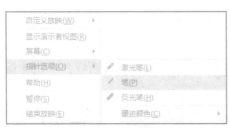
图 12-56　选择【笔】选项

图 12-57　添加注释

第4步　结束放映幻灯片时，弹出【Microsoft PowerPoint】对话框，单击【保留】按钮，如图 12-58 所示。

第5步　保留注释，如图 12-59 所示。

图 12-58　【Microsoft PowerPoint】对话框

图 12-59　保留注释

12.5.3　使用荧光笔勾画重点

使用荧光笔勾画重点，可以与画笔注释进行区分，以达到为演讲者提供提示的目的，具体操作步骤如下。

第1步　选择第9张幻灯片，在【幻灯片放映】选项卡的【开始放映幻灯片】选项组中单击【从当前幻灯片开始】按钮或按【Shift+F5】组合键放映幻灯片，如图12-60所示。

第2步　从当前幻灯片页面开始播放，在其页面上单击鼠标右键，在弹出的快捷菜单中的【指针选项】选项的子选项中选择【荧光笔】选项，如图12-61所示。

图12-60　幻灯片放映

图12-61　选择【荧光笔】选项

第3步　当光标变成一条短竖线时，可在幻灯片中添加荧光笔注释，效果如图12-62所示。

第4步　结束放映幻灯片时，弹出【Microsoft PowerPoint】对话框，单击【保留】按钮如图12-63所示。

图12-62　注释效果

图12-63　【Microsoft PowerPoint】对话框

第5步　保留荧光笔注释，如图12-64所示。

图12-64　保留荧光笔注释

12.5.4　屏蔽幻灯片内容

在放映 PPT 的过程中，当需要观众关注其他材料时，可使用白屏或黑屏来屏蔽幻灯片中的内容，具体操作步骤如下。

第 1 步　选择第 12 张幻灯片，在【幻灯片放映】选项卡的【开始放映幻灯片】选项组中单击【从当前幻灯片开始】按钮或按【Shift+F5】组合键放映幻灯片，如图 12-65 所示。

第 2 步　在放映幻灯片时，按【W】键，可使屏幕变为白屏，效果如图 12-66 所示。

图 12-65　放映幻灯片

图 12-66　白屏效果

第 3 步　再一次按【W】键或【Esc】键，返回幻灯片放映页面，如图 12-67 所示。

第 4 步　在放映幻灯片时，按【B】键，使屏幕变为黑屏，效果如图 12-68 所示。

图 12-67　放映幻灯片

图 12-68　黑屏效果

第 5 步　再一次按【B】键或【Esc】键，返回幻灯片放映页面。

12.5.5　结束幻灯片放映

在放映幻灯片过程中，可以根据需要终止幻灯片的放映，具体操作步骤如下。

第 1 步　选择第 17 张幻灯片，在【幻灯片放映】选项卡的【开始放映幻灯片】选项组中单击【从当前幻灯片开始】按钮或按【Shift+F5】组合键放映幻灯片，如图 12-69 所示。

图 12-69　放映幻灯片

第 2 步 按【Esc】键，可快速结束幻灯片的放映，如图 12-70 所示。

图 12-70 结束幻灯片的放映

12.6 ▶ 打印幻灯片

为了更加深入地熟悉幻灯片的内容，需要将幻灯片打印出来，具体操作步骤如下。

第 1 步 单击【文件】选项卡下【打印】选项，如图 12-71 所示。

图 12-71 打印选项

第 2 步 在【打印机】下的选项框中选择合适的打印机，如图 12-72 所示。

第 3 步 在【设置】选项区域下的【打印范围】选项中选择【打印全部幻灯片】选项，如图 12-73 所示。

图 12-72 选择打印机

图 12-73 设置打印范围

第 4 步　在【讲义】选项区域中选择【6 张水平放置的幻灯片】，如图 12-74 所示。

第 5 步　在【颜色】选项区域中选择【纯黑白】，如图 12-75 所示。

第 6 步　单击【打印】按钮，打印出一张包含 6 个幻灯片页面的样式，效果如图 12-76 所示。

图 12-74　设置打印版式

图 12-75　设置打印颜色

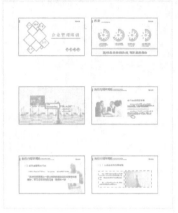

图 12-76　打印效果

第 3 部分　PowerPoint 2016 办公应用

拓展训练

本拓展训练以制作"销售技巧培训"PPT 为例，具体要求如下。

销售技巧培训，是指企业或相关机构组织的围绕销售人员、产品、客户等展开的培训活动。销售技巧培训的目标是通过提高销售人员的个人绩效来达成企业的销售业绩。企业的销售培训工作要始终以企业的业务发展和企业赢利为目的，要强调培训的目的性，要注重研究现状和需求，紧盯业绩和发展，把注意力放到可以通过培训解决的问题上。要明确划分培训的种类和层次，研究不同培训对象的特点和特殊需求，在内容和方法的选择上做到恰如其分。在销售技巧培训过程中，可以进行排练计时、自定义幻灯片、放大幻灯片局部信息、使用画笔做注释等操作，以提升销售技巧培训的效果。放映"销售技巧培训"PP 可以按以下步骤进行。

1. 幻灯片设置加密

为幻灯片设置加密，如图 12-77 所示。

2. 另存为 PDF 文档

将"销售技巧培训"PPT 另存为 PDF 文档，如图 12-78 所示。

3. 设置放映方式

设置 PPT 放映方式，如图 12-79 所示。

4. 设置排练计时

设置排练计时，如图 12-80 所示。

图 12-77　设置加密 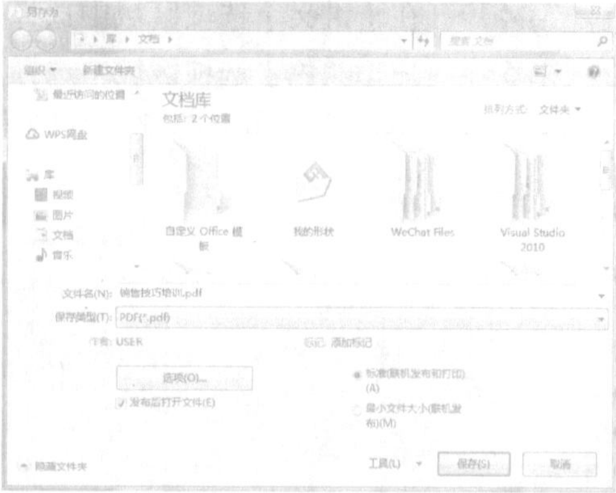　　　　　　　　图 12-78　另存为 PDF 文档

图 12-79　设置放映方式 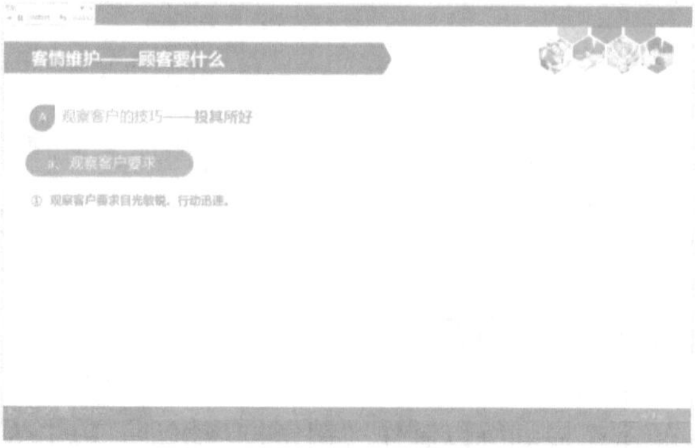　　　　　　　图 12-80　设置排练计时

5. 设置幻灯片跳转

利用超链接设置幻灯片跳转，如图 12-81 所示。

6. 使用画笔

使用画笔在幻灯片上做注释，效果如图 12-82 所示。

7. 使用荧光笔

使用荧光笔在幻灯片上做注释，效果如图 12-83 所示。

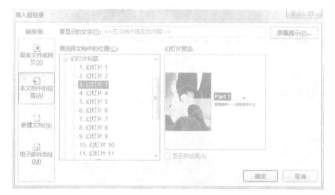

图 12-81　设置超链接

图 12-82　使用画笔效果

图 12-83　使用荧光笔效果

8. 打印幻灯片

打印幻灯片，效果如图 12-84 所示。

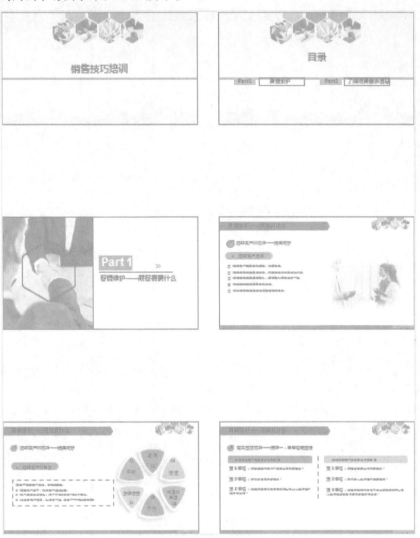

图 12-84　打印效果

第 4 部分

常用办公设备的使用

　　常用办公设备泛指用于办公的相关设备，一般分为文件输入和处理设备、文件输出设备、文件传输设备及文件整理设备，涵盖打印机、复印机、传真机、扫描仪、计算机、考勤机等。在日常办公过程中，熟练掌握打印机、复印机、扫描仪等办公设备的操作十分必要。本部分介绍常用办公设备的使用技巧。

任务13 打印机的使用

Office 2016 高级办公应用

▲ 任务描述

　　打印机是自动化办公中不可或缺的重要组成部分，用于将计算机处理结果打印在相关介质上，是重要的输出设备之一。通过打印机，用户可以将在计算机中编辑好的文档、图片等资料打印到相关介质上，以便将资料进行存档、报送。打印机的操作主要包括添加打印机和连接网络打印机。

▲ 设计思路

　　打印机的使用操作步骤如下。
　　（1）添加打印机。
　　（2）打印测试页。
　　（3）连接网络打印机。

▲ 涉及知识点

　　本任务主要涉及以下知识点。
　　（1）添加打印机。
　　（2）打印测试页。
　　（3）连接网络打印机。

▲ 任务实现

13.1 ▶ 添加打印机

　　如果打印机连接在本地计算机，并且本地计算机中已安装了打印机驱动，那么在本地计算机中可以添加并使用这台打印机。本任务以 Windows 7 操作系统为例介绍添加打印机的操作，具体操作步骤如下。

　　第 1 步　单击【开始】，选择【设备与打印机】选项，如图 13-1 所示。
　　第 2 步　在弹出的【设备与打印机】窗口中单击【添加打印机】按钮，如图 13-2 所示。
　　第 3 步　在弹出的【添加打印机 / 要安装什么类型的打印机】对话框中单击【添加

本地打印机】链接，如图 13-3 所示。

第 4 步　单击【下一步】按钮，在【添加打印机 / 选择打印机端口】对话框中选择合适的打印机端口，如图 13-4 所示。

图 13-1　选择【设备与打印机】选项

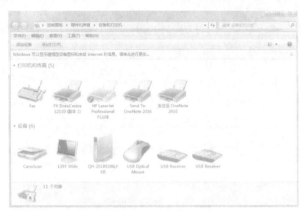

图 13-2　【设备与打印机】窗口

图 13-3　【添加本地打印机】链接

图 13-4　选择打印机端口

第 5 步　单击【下一步】按钮，在【添加打印机 / 安装打印机驱动程序】对话框中选择需要添加的打印机驱动程序，如图 13-5 所示。

第 6 步　单击【下一步】按钮，在【添加打印机 / 选择要使用驱动程序版本】对话框中选择打印机驱动程序版本，如图 13-6 所示。

图 13-5　添加打印机驱动程序

图 13-6　选择打印机驱动程序版本

第 7 步　单击【下一步】按钮，在【添加打印机 / 键入打印机名称】对话框中给需要添加的打印机命名，如图 13-7 所示。

第 8 步，单击【下一步】按钮，开始自动安装打印机，如图 13-8 所示。

图 13-7　为打印机命名　　　　　　　　　　　　图 13-8　安装打印机

第 9 步，安装完成后，单击【下一步】按钮，在【添加打印机 / 打印机共享】对话框选择是否共享此台打印机，如图 13-9 所示。

第 10 步，单击【下一步】按钮，提示已经成功添加打印机。如果需要检查打印机是否正常工作，则可以单击【打印测试页】按钮，查看打印机连接是否正常或能否正常打印出测试页，如图 13-10 所示。

图 13-9　选择是否共享打印机　　　　　　　　　图 13-10　测试打印

第 11 步　单击【完成】按钮，可在【设备与打印机】窗口中看到新增加的打印机，如图 13-11 所示。

第 12 步　选择新添加的打印机，单击鼠标右键，在弹出的下拉菜单中选择【设置为默认打印机】选项，可以将添加的打印机设置为默认打印机，从而可以在打印时自动通过该打印机打印，如图 13-12 所示。

图 13-11　打印机添加成功　　　　　　　　　　　　图 13-12　设置默认打印机

13.2　共享打印机

在完成打印机的添加之后，可以将打印机设置为共享打印机，从而使办公室内的其他计算机可以通过 IP 地址和打印机名称找到并添加此打印机，以便使用该打印机打印资料。共享打印机具体操作步骤如下。

第 1 步　单击【开始】，选择【设备与打印机】选项，在弹出的【设备与打印机】窗口中选择需要共享的打印机，如图 13-13 所示。

第 2 步　单击鼠标右键，弹出下拉菜单，如图 13-14 所示。

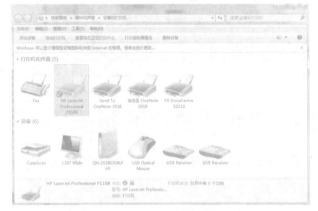

图 13-13　选择需要共享的打印机　　　　　　　　　图 13-14　下拉菜单

第 3 步　在弹出的下拉菜单中选择【打印机属性】选项，弹出打印机【属性】对话框，如图 13-15 所示。

第 4 步　选择【共享】选项卡，进入共享设置页面，如图 13-16 所示。

第 5 步　勾选【共享这台打印机】复选框，单击【确定】按钮，即可共享打印机，如图 13-17 所示。

第 6 步，共享后的打印机会在【设备与打印机】中使用共享图标显示出来，如图 13-18 所示。

图 13-15　打印机【属性】对话框

图 13-16　共享设置页面

图 13-17　设置共享打印机

图 13-18　共享打印机图标

13.3　连接共享打印机

在办公室中，有时需要连接其他同事共享的打印机打印资料，此时需要添加网络打印机。

13.3.1　获取共享打印机的 IP 地址

连接共享打印机首先需要获取共享那台计算机的 IP 地址，具体操作步骤如下。

第 1 步　在计算机中单击【开始】，选择【控制面板】选项，在弹出的【控制面板】窗口单击【网络和 Internet】链接，如图 13-19 所示。

第 2 步　弹出【网络和 Internet】窗口，单击【网络和共享中心】链接，如图 13-20 所示。

图 13-19 【控制面板】窗口

图 13-20 单击【网络和共享中心】链接

第 3 步 弹出【网络和共享中心】窗口，单击【本地连接】链接，如图 13-21 所示。

第 4 步 在弹出的【本地连接 状态】对话框中，单击【属性】按钮，如图 13-22 所示。

图 13-21 设置本地连接

图 13-22 【本地连接 状态】对话框

第 5 步 弹出【本地连接 属性】对话框，如图 13-23 所示。

第 6 步 双击【本地连接 属性】对话框中的【Internet 协议版本 4（TCP/IPv4）】选项，弹出【Internet 协议版本 4（TCP/IPv4）属性】对话框，如图 13-24 所示。

图 13-23 【本地连接 属性】对话框

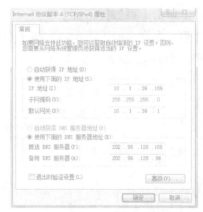

图 13-24 【Internet 协议版本 4（TCP/IPv4）属性】对话框

第 7 步 查看计算机的 IP 地址为："10.1.39.169"，关闭所有对话框和窗口。

13.3.2　获取共享打印机的共享名称

添加网络打印机，首先需要掌握网络打印机的共享名称，具体操作步骤如下。

第 1 步　单击【开始】，选择【设备与打印机】选项，在弹出的【设备与打印机】窗口中找到共享打印机，选择共享打印机，单击鼠标右键，在弹出的下拉菜单中选择【打印机属性】选项，弹出打印机【属性】对话框，如图 13-25 所示。

第 2 步　选择【共享】选项卡，进入共享设置页面，如图 13-26 所示。

图 13-25　打印机【属性】对话框　　　　　　图 13-26　共享设置页面

第 3 步　查看打印机的共享名为"HP LaserJet Professional P1108"，关闭所有对话框和窗口。

13.3.3　添加网络打印机

添加网络打印机，需要保证共享打印机联网，以及打印机开启。添加网络打印机具体步骤如下。

第 1 步　单击【开始】按钮，选择【设备与打印机】选项，在弹出的【设备与打印机】窗口中单击【添加打印机】按钮，如图 13-27 所示。

第 2 步　在弹出的【添加打印机】对话框中单击"添加网络、无线或 Bluetooth 打印机"链接，如图 13-28 所示。

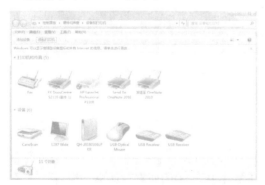

图 13-27　添加打印机　　　　　　　　　　图 13-28　选择打印机类型

第 3 步　在弹出的【添加打印机／找不到打印机】对话框中单击【我需要的打印机不在列表中】链接，如图 13-29 所示。

第 4 步　弹出【添加打印机／按名称或 TCP/IP 地址查找打印机】对话框，选择【按名称选择共享打印机】单选按钮，在文本框中录入共享打印机的 IP 地址和打印机名称"\\10.1.39.169\HP LaserJet Professional P1108"，如图 13-30 所示。

图 13-29　添加打印机

图 13-30　按名称选择共享打印机

第 5 步　单击【下一步】按钮，成功添加网络打印机，如图 13-31 所示。

第 6 步　单击【下一步】按钮，可以单击【打印测试页】按钮，以查看打印机连接状况，如图 13-32 所示。

图 13-31　成功添加网络打印机

图 13-32　打印测试页

第 7 步　单击【完成】按钮后，在【设备和打印机】栏目中显示打印机图标，如图 13-33 所示。

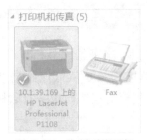
图 13-33　显示打印机图标

任务14　复印机的使用

任务描述

复印机是利用静电技术对复印原件进行复制的设备。复印机属于模拟设备，只能如实地对复印原件进行复印，是从书写、绘制或印刷的复印原件得到等倍、放大或缩小的复印件的设备。复印机复印的速度快，操作简便，与传统的铅字印刷、蜡纸油印、胶印等的主要区别是，复印机无须经过其他制版等中间手段，就能直接从复印原件获得复印件，复印份数不多时较为经济。

设计思路

复印机的使用可按以下步骤操作。
（1）复印机开启。
（2）复印机预热。
（3）复印资料。
（4）复印故障处理。

涉及知识点

本任务主要涉及以下知识点。
（1）复印机开启。
（2）复印机预热。
（3）复印资料。
（4）复印故障处理。
（5）复印注意事项。

任务实现

复印机可以通过接口与计算机、文字处理机和其他微处理机相连，成为局域网络的重要组成部分。复印机的发展总体趋势是从低速到高速、从黑白到彩色、从单一到集成。目前，复印机多已与打印机集成为一体。单一打印机和集成打印机分别如图 14-1 和图 14-2 所示。

图 14-1　单一打印机

图 14-2　集成打印机

14.1 ▶ 复印机的操作步骤

1. 开启复印机

首先查看复印机是否开启，如果复印机操作面板正常显示，则表明复印机正常开启，否则表示复印机关闭。如果复印机关闭，则需打开复印机开关。开关的位置一般在复印机操作面板上或复印机左右两侧。

2. 预热复印机

打开复印机开关后，复印机开始预热，复印机操作面板上应有指示灯显示，并出现等待信号。当达到预热时间后，复印机操作面板上出现"就绪"字样，即可开始复印。

3. 检查复印原件

检查复印原件时需要注意以下几个因素：复印原件的纸张尺寸、质地、颜色；复印原件上的字迹色调；复印原件装订方式、复印原件张数、复印原件上有无图片；需要改变曝光量的复印原件。这些因素都与复印过程有关，必须做到心中有数。对于复印原件上不清晰的字迹、线条，应在复印前描写清楚，以免复印后返工。对于装订好的复印原件，应尽量拆开，以免复印时因不平整而出现阴影。

4. 检查机器显示

机器预热完毕后，应检查复印机操作面板上的各项信号显示是否正常。主要检查的信号包括可以复印、纸盒位置、复印数量、复印浓度调节、纸张尺寸，待这些信号均显示正常后才可进行复印。

5. 放置复印原件

打开复印机盖板，将复印原件要复印的那面朝下放在供稿台的曝光玻璃上，同时根据曝光玻璃刻度板的刻度，以及当前使用纸盒的尺寸和横竖方向调整复印原件。

6. 复印资料

将复印模式设置为"自动选择纸张"，纸张选择 A4 纸，输入需要复印的份数，若设定有误则可按"C"键重新设定。合上复印机盖板，按绿色的复印键即可开始复印。复印有顺序的复印原件时，应从最后一页开始，这样复印出来的复印件顺序就是正确的，否则，还需要重新颠倒一遍。

如果复印机有双面复印功能，则在复印机操作面板上选择"双面-双面"（一个双面到一个双面）或"单面-双面"（两个单面到一个双面），然后把复印原件放好，按复印键就可以直接复印为双面了。

7. 设定复印放大 / 缩小倍率

通常，复印机的放大仅有一挡，按下放大键即可放大复印。放大/缩小倍率多以"A3-A4""B4-B5"或百分比等表示，了解了复印纸尺寸，就可以很容易地选择放大/缩小倍率。如果无须放大或缩小，则可不按任何键。

8. 选择复印纸尺寸

根据复印原件尺寸、放大或缩小倍率，按下纸盒选取键。如果复印机内装有所需尺寸的纸盒，即可在复印机操作面板上显示出来；如果复印机操作面板上无显示，则需更换纸盒。

9. 调节复印浓度

根据复印原件纸张、字迹的色调深浅，适当调节复印浓度。复印原件纸张颜色较深时，如报纸，则应将复印的浓度调浅些；复印原件上字迹浅或线条细，不十分清晰时，如复印原件是铅笔原件等，则应将复印机的浓度调深些。复印图片时一般应将浓度调浅。

14.2 复印过程中常见问题的处理

按下复印键，复印机便开始运转，经过充电、曝光、显影、转印、定影等工序即可复印出复印件。复印过程中常会遇到一些问题，如卡纸、墨粉不足、废粉过多等，须及时处理，否则就不能继续复印。

1. 卡纸

复印过程中卡纸是不可避免的，但如果经常卡纸，则说明复印机有故障，需要进行维修。卡纸后，复印机操作面板上的卡纸信号亮，这时需打开机门或左（定影器）右（进纸部）侧板，取出卡住的纸张。一些高档复印机可显示卡纸张数，以"P1""P2"等表示，"P0"表示主机内没有卡纸，而是分页器中卡了纸。取出卡住的纸张后，应检查纸张是否完整，不完整时应找到夹在复印机内的碎纸。分页器内卡纸时，需将分页器移离主机，压下分页器进纸口，取出卡住的纸张。

2. 纸张用完

纸张用完时复印机操作面板上会出现纸盒空的信号，装入复印纸后，可继续复印。

3. 墨粉不足

复印机操作面板上墨粉不足信号亮时，表示复印机内墨粉已经不足，此时会影响复印质量，应及时补充墨粉，某些机型出现此信号时复印机会停止运转，某些机型仍可继续复印。加入墨粉前，应将墨粉瓶或墨粉筒摇动几次，使结块的墨粉碎成粉末。

4. 废粉过多

从感光鼓上清除下来的废粉会收集在一只废粉瓶内，废粉瓶内装满废粉后会在复印机操作面板上显示提示信号，某些机型的废粉过多与墨粉不足使用同一个信号，这时更应当注意检查，当废粉瓶中装满废粉时要及时倒掉。有些机型要求废粉不能重复使用，特别是单一成分显影复印机，否则会影响显影质量。

14.3 ▶ 复印机特殊功能的使用

1. 自动送稿器的使用

使用自动送稿器可以不必每次放入复印原件时都要掀起盖板，从而提高了复印效率。使用自动送稿器时，首先按下自动送稿按键，指示灯点亮，在供稿台上放上复印原件，自动送稿器会一页一页地送入复印原件。复印原件放好后，复印机即自动开始复印。自动送稿器的另一个功能是使复印机预热后自动开始复印，方法是在预热过程中，设定好各个项目，如纸盒选择、浓度调节、放大或缩小等，然后在供稿台上按上述要求放上复印原件，复印机预热完成后就会立即自动开始复印。应当注意，卷曲、折皱、折叠的复印原件；带书钉、曲别针、胶带或糨糊未干的复印原件；背面发黑的复印原件；粘在一起或装订的复印原件和过薄的复印原件不能自动送入。

2. 自动分页器的使用

利用自动分页器进行分页时，必须从复印原件的最后一页开始复印。自动分页器一般为 15 格，可将复印件分成 15 份，复印件超过 15 份时，需先复印 15 份，再继续复印余下的份数。每层分页格约能容纳 30 页复印件，超过时易发生卡纸现象。因此，复印件过多时应在复印过程中取出，分别放好，待全部复印完，再将复印件叠放在一起进行装订。

3. 大容量供纸箱的选用

一些高速复印机可配备容量为 1500～2000 张复印纸的供纸箱。这种供纸箱附加在复印机的右侧，从供纸盒处进纸。供纸箱需单设电源。使用前需将选择器旋钮设定好，以满足不同纸张尺寸的要求。接通电源开关后，指示灯点亮，无纸时指示灯闪烁。当需要变更复印纸尺寸时，可拉出供纸箱，打开供纸箱盖，松开塑料旋钮，提起隔板，将选择器旋钮调到所选纸张尺寸的号码位置，关好供纸箱盖，将供纸箱推接到主机上。如果加纸后指示灯仍然闪烁不止，则说明复印纸未放好或供纸箱未关严，此时不能进行复印。

4. 自动复印功能的利用

有些机型的复印机在供稿台上放好复印原件后，复印机即可在预热完毕后自动开始复印，还有些机型的自动送稿器也有此功能，预热时将复印原件放在供稿台上，预热后即可自动复印，也有的机型在操作面板上有一个"Standby"按键和指示灯，开机预热时按下此键，指示灯亮，在纸盒内有纸的情况下，预热完毕后复印机即自动运转。

5. 插入复印键和停止键的使用

在绝大多数复印机上都有插入复印键和停止键，但能够正确运用这两个键的用户并不多。插入复印键又叫暂停键，它是用来中断正在复印的多份文件，临时加入一个更为急用的复印原件用的。复印过程中按下此键，复印机会立即停止复印，复印机上复印数量的显示变为"1"，重新设定一个复印数值即可复印急用的复印原件，复印完后复印机又回到中断时的显示状态，可继续进行原来的复印。如果按错插入复印键，则只要恢复中断前的复印数量并按下停止键即可。停止键是多份复印时到了所需份数或发现复印原件放置不正确等意外现象时使用的，按下此键后机器停止运转，复印数量变为"1"，再复印时需重设置。有些小型复印机将停止键和复印份数清除键设为一个键，且功能相同。

14.4 复印机使用技巧

1. 合适的曝光量

复印过程中会遇到各种色调深浅不一的复印原件，有些复印原件上还夹杂着深浅不一的字迹，如铅印件上的圆珠笔、铅笔批示等，遇到这种情况时应当以较浅的字迹为条件，减小曝光量，使其在复印时可以清晰显示，具体方法是加大显影浓度，将浓度加深；对于照片、图片等反差小、色调深的复印原件则应减小曝光量，将浓度变淡。如果复印件质量仍难以令人满意，则可加大曝光量，其做法是将曝光窄缝板抽出，把光缝调宽，或者调高曝光电压。

2. 双面复印

高档复印机带有自动复印双面的功能，而绝大多数机型要复印双面时仍需将复印件重新装入纸盒，再印第二面。双面复印的用途很多，如复印说明书、名片、表格及页数过多，或者需要减小厚度的复印原件。双面复印不仅可以节省一半纸张，而且还可以减少复印件所占空间，同时还容易装订。首先复印单数页码的复印原件，再根据所使用机器的类型，将复印纸装入纸盒，复印双数页码的一面。有的机型应将第一次复印后的复印件上下两端位置不变地调转过来，文字面朝下，装入纸盒，再复印第二面；有的机型则原封不动地装入纸盒即可。前者是直线进纸的机型；后者是曲线进纸机型，进纸口与出纸口在机器同侧。另有一点需要注意的是，采用光导纤维矩防透镜的机型，复印原件正放、复印件也是正放的，而采用镜头的机型，复印原件正放，复印件却是反放的，即上下颠倒。特别是在双面复印小张复印原件时，采用镜头的机型较难操作，最好在复印第一面时使复印原件位于复印机供稿台中间，复印第二面时也放中间即可，但这样做时两面可能出现误差。另一种方法是复印第一面时，复印原件放在供稿台上部右端，复印第二面时复印原件放在供稿台上部左端，而复印纸上下端不动，只是使有字迹的一面朝下放入纸盒。套印多页双面复印原件时可能出现页码套错的现象，需时常留意查看第二面的页码是否正确，不正确时应停机，查看纸盒中剩余的待套印的复印件，继续印完后补印错的几页。

3. 遮挡方法的应用

复印工作经常遇到复印原件有污迹、需要复印复印原件局部、去除复印原件阴影等情况，需利用遮挡的方法去除不需要的痕迹。最简便的办法是用一张白纸遮住这些部分，然后放在供稿台上复印即可。复印书籍等厚复印原件时，通常会在复印件上复印出一条阴影，这时也可以用遮挡的方法消除阴影。方法是在待复印原件下垫一张白纸，即可消除边缘阴影。如果还要去掉两页之间的阴影，则可在暂不复印的一页上覆盖一张白纸，并使白纸的边缘达到待复印原件字迹边缘部分即可。

4. 反向复印件的制作

在设计、制图工作中，有时需要按照某一图案绘制出完全相同的反方向图案，如果利用复印机来制作是比较方便的。做法是取一张复印纸和一张比图案大些的拷贝纸（透明薄纸），在薄纸边缘部分涂上胶水，并与复印纸黏合，待干燥后即可进行复印。复印时，拷贝纸面朝上，复印完后将其撕下，将所需的反面图案的一面（复印纸的背面）朝下放在供稿台的曝光玻璃上，再次进行复印，即可得到完全相同的反向图案。拷贝纸也可用绘图的硫酸纸或透明的聚酯薄膜代替。

5. 教学投影片的制作

利用复印机可以将任何文字、图表复印在透明的聚酯薄膜上，用来进行教学投影。具体做法是将复印原件放好，调节好显影浓度，利用手工供纸盘送入聚酯薄膜。为了避免薄膜卡住，可在其下面衬一张复印纸，并将首先进入机器的一端用透明胶纸黏住。转印不良或墨粉图案被擦损的薄膜，可取出用湿布擦净墨粉，晾干后仍可使用。

此外，还可利用复印机制作名片、检索卡片等，操作方法与上述的双面复印相同。在掌握了复印机性能和在不损坏机器的前提下，还可在其他材料（如布）上复印文字和图案。

6. 加深浓度避免污脏的方法

如果要使双面有图案的复印原件在复印时图案清晰，而又不致透出背面的图案，最简便的方法就是在要复印原件背面垫一张黑色纸张。没有黑色纸张时，可以打开复印机供稿台的盖板，复印出的复印件就是均匀的黑色纸张。这一方法在制作各种图纸时经常用到，这是因为图纸上的线条要浓度大，而空白部分又必须洁净。

任务15　扫描仪的使用

任务描述

　　扫描仪是利用光电技术和数字处理技术，以扫描的方式将图形或图像信息转换为数字信号的装置。扫描仪通常被用于计算机外部仪器设备，是通过捕获图像并将其转换成计算机可以显示、编辑、存储和输出的数字化输入设备。照片、文本页面、图纸、美术图画、照相底片、菲林软片，甚至纺织品、标牌面板、印制板样品等三维对象都可作为扫描仪的扫描对象，扫描仪对这些扫描对象进行提取并将原始的线条、图形、文字、照片、平面实物转换成可以编辑的信息，还可将这些信息存入文件中。扫描仪属于计算机辅助设计（CAD）中的输入系统，通过计算机软件、计算机、输出设备（激光打印机、激光绘图机），组成印刷前端的计算机处理系统，广泛应用在标牌面板、印制板、印刷等行业。扫描仪样式如图15-1所示。

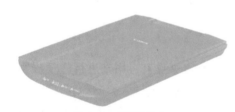

图 15-1　扫描仪样式

　　目前最新型的扫描仪一般配有OCR文字识别软件，扫描仪和OER软件共同承担从文稿输入到文字识别的全过程。借助扫描仪和OCR文字识别软件，可以对资料上面的文字进行扫描，然后进行OCR识别，将文字转换成文本文件或Word文件进行存储。

设计思路

　　扫描仪的使用可按照以下步骤操作。
　　（1）安装扫描仪。
　　（2）测试扫描仪。
　　（3）扫描文件。
　　（4）识别文字。

涉及知识点

　　本任务主要涉及以下知识点。
　　（1）安装并测试扫描仪。
　　（2）扫描文件。
　　（3）识别文字。

▲ 任务实现

15.1 ▶ 安装扫描仪

常用扫描仪的安装包含硬件设备的连接和驱动程序的安装，具体操作步骤如下。

15.1.1 连接计算机

常用的扫描仪接口一般为 USB 接口，用户需要将 USB 接口连接到计算机，然后在【设备管理器】中查看 USB 装置是否工作正常，具体步骤如下。

第 1 步 选择桌面上的【计算机】图标，单击鼠标右键，在弹出的快捷菜单中选择【属性】选项，如图 15-2 所示。

第 2 步 弹出如图 15-3 所示的【系统】窗口，选择【设备管理器】选项。

图 15-2 选择【属性】选项

第 3 步 弹出【设备管理器】窗口，单击【通用串行总线控制器】选项，查看 USB 设备是否正常工作，如果在 USB 设备列表中的 USB 设备名称前有问号或叹号，则表示 USB 设备不能正常工作，如图 15-4 所示。

图 15-3 【系统】窗口

图 15-4 USB 设备列表

15.1.2 安装扫描仪驱动程序

扫描仪连接到计算机之后，需要安装扫描仪驱动程序才能正常使用，具体操作步骤如下。

第 1 步 使用驱动光盘，或者根据扫描仪的型号在网络找到驱动软件并下载。单击驱动程序，弹出【欢迎】对话框，如图 15-5 所示。

第 2 步 单击【下一步】按钮，弹出【选择居住地】对话框，如图 15-6 所示。在【居住地】选项框中选择【亚洲】。

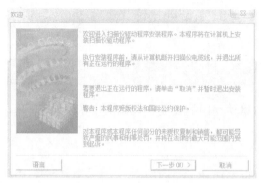

图 15-5 【欢迎】对话框

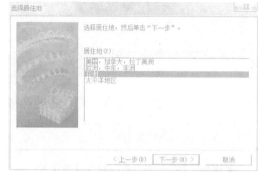

图 15-6 【选择居住地】对话框

第 3 步 单击【下一步】按钮，弹出【许可协议】对话框，如图 15-7 所示。

第 4 步 单击【是】按钮，进入安装程序阶段，如图 15-8 所示。

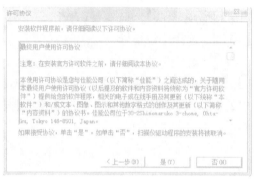

图 15-7 【许可协议】对话框

图 15-8 安装程序阶段

第 5 步 待程序检测到扫描仪后，即可完成驱动安装，如图 15-9 所示。

第 6 步 扫描仪安装完成后，单击【开始】，选择【设备与打印机】选项，在弹出的【设备与打印机】窗口中可以看到扫描仪设备，如图 15-10 所示。

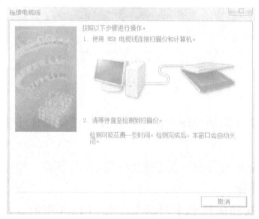

图 15-9 检测到扫描仪

图 15-10 【设备与打印机】窗口

15.2 ▶ 扫描文件

在扫描仪安装完成后，可以使用扫描仪
扫描文稿，具体操作如下。

第1步 打开扫描仪上盖，把需要扫描
的页面朝下放置在扫描仪上。

第2步 单击【开始】，选择【设备和打
印机】选项，在弹出的【设备和打印机】窗
口中可以找到扫描仪设备，如图15-11所示。

第3步 双击扫描仪设备，弹出【新扫
描】对话框，如图15-12所示。

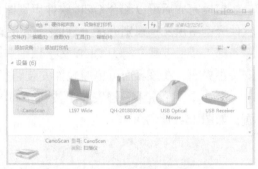

图15-11 【设备和打印机】窗口

第4步 单击【预览】按钮，查看扫描后的预览效果，如图15-13所示。

图15-12 【新扫描】对话框   图15-13 预览效果

第5步 单击【扫描】按钮，扫描仪开始扫描文稿，扫描完成后弹出【导入图片和
视频】对话框，如图15-14所示。

第6步 单击【导入】按钮，可以将扫描后的文件保存到计算机，如图15-15所示。

图15-14 【导入图片和视频】对话框

图15-15 保存文件

扫描完成后可以配合 OCR 软件识别图片中的文字，本任务以"得力 OCR 文字识别"软件为例演示文字识别方法，具体操作步骤如下。

第 1 步　下载"得力 OCR 文字识别"软件的安装文件，双击该安装文件安装，弹出安装主界面，在该界面可更改软件安装路径，如图 15-16 所示。

第 2 步　单击【一键安装】按钮，即可自动安装软件，安装完成后弹出安装完成界面，如图 15-17 所示。

图 15-16　"得力 OCR 文字识别"软件安装界面

图 15-17　安装完成界面

第 3 步　单击【立即体验】按钮，进入软件主界面，如图 15-18 所示。

第 4 步　单击【扫描仪 / 数码相机】按钮，弹出【选择扫描仪或数码相机】对话框，如图 15-19 所示。

图 15-18　软件主界面

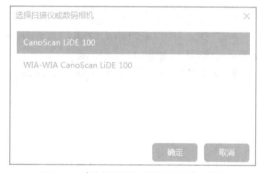

图 15-19　【选择扫描仪或数码相机】对话框

第 5 步　选择扫描仪，单击【确定】按钮，弹出【ScanGear】对话框，如图 15-20 所示。

第 6 步　单击【扫描】按钮，开始扫描文稿，如图 15-21 所示。

第 7 步　扫描完成后，弹出保存界面，如图 15-22 所示。

图 15-20 【ScanGear】对话框

图 15-21 扫描文稿

图 15-22 保存界面

第 8 步　单击【确定】按钮，"得力 OCR 文字识别"软件开始识别文稿中的文字，如图 15-23 所示。

第 9 步　识别完成后，显示识别的结果，如图 15-24 所示。

图 15-23　开始识别

图 15-24　显示识别结果

第 10 步　单击【复制】按钮，将识别的结果复制到文字文档中，以便编辑使用。

"得力 OCR 文字识别"软件除可识别扫描仪提供的文稿外，还可以直接识别图片、截图或证件发票中的文字，具体操作步骤如下。

第 1 步　在软件主界面单击【图片识别】按钮，如图 15-25 所示。

第 2 步　弹出【添加图片】对话框，如图 15-26 所示。

图 15-25　软件主界面

图 15-26　【添加图片】对话框

第3步　单击【添加图片】按钮，在弹出的【打开】对话框中选择图片，如图 15-27 所示。

图 15-27　选择图片

第4步　单击【打开】按钮，弹出【开始识别】对话框，如图 15-28 所示。

第5步　单击【开始识别】按钮，识别出图片中的文字信息，如图 15-29 所示。

图 15-28　【开始识别】对话框　　　　　　　　图 15-29　识别信息

任务16　无线路由器的设置及文件共享

📑 任务描述

无线路由器是用于用户上网、带有无线覆盖功能的设备。无线路由器可以看作一个转发器，用于将宽带网络信号通过天线转发给附近的无线网络设备（笔记本电脑、支持无线网络的手机、平板电脑及所有带有无线功能的设备）。无线路由器样式如图 16-1 所示。

无线路由器（Wireless Router）是将单纯性无线 AP 和宽带路由器合二为一的扩展型产品，它不仅具备单纯性无线 AP 的所有功能，如支持 DHCP 客户端、支持 VPN、防火墙、支持 WEP 加密等，而且还包括了网络地址转换（NAT）功能，可支持局域网用户的网络连接共享。通过利用无线路由器可实现家庭无线网络的 Internet 连接共享，实现 ADSL、Cable modem 和小区宽带的无线共享接入。无线路由器可以与所有以太网接的 ADSL MODEM 或 CABLE MODEM 直接相连，也可以在使用时通过交换机、集线器、宽带路由器等局域网方式再接入。其内置的简单的虚拟拨号软件，可以存储用户名和密码以用于拨号上网，并且可以实现为拨号接入 Internet 的 ADSL、CM 等提供自动拨号功能，而无须手动拨号或占用一台计算机作为服务器使用。此外，无线路由器一般还具备相对更完善的安全防护功能。无线路由器接入方案如图 16-2 所示。

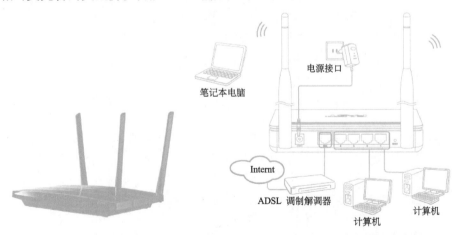

图 16-1　无线路由器样式　　　　　　　图 16-2　无线路由器接入方案

16.1 ▶ 无线路由器的设置

无线路由器的设置操作步骤如下。

第1步 查看无线路由器的背面的管理地址、登录用户名和密码，并做好记录。将宽带接入的线路插入无线路由器 WAN 端口，将网线的一端连接到路由器的 LAN 端口中的任意一个，另一端连接到计算机的网络端口，接通无线路由器电源，等待 10 秒左右直至无线路由器自检启动成功。

第2步 无线路由器基本默认设置均为"自动获取 IP 地址"，所以计算机端的【本地网络连接】要设置为"自动获取 IP 地址"。在计算机桌面【网络】图标上单击鼠标右键，在弹出的快捷菜单中选择【属性】选项，打开【网络和共享中心】窗口，如图 16-3 所示。

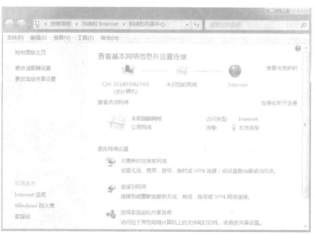

图 16-3 【网络和共享中心】窗口

第3步 单击【本地连接】链接，弹出【本地连接 状态】对话框，如图 16-4 所示。

第 4 步　单击【属性】按钮，弹出【本地连接 属性】对话框，如图 16-5 所示。

图 16-4　【本地连接 状态】对话框

图 16-5　【本地连接 属性】对话框

第 5 步　双击【Internet 协议版本 4（TCP/IPv4）】选项，弹出【Internet 协议版本 4（TCP/IPv4）属性】对话框，设置自动获取 IP 地址和 DNS 服务器地址，如图 16-6 所示。

第 6 步　启动无线路由器，打开浏览器，输入无线路由器的 IP 地址（一般为 192.168.0.1 或 192.168.1.1。可以运行 cmd 命令，输入 ipconfig 查看网关的 IP 地址），输入无线路由器的登录账号和密码（一般都是 admin）登录无线路由器界面。登录无线路由器后，通过选择右侧的【设置向导】选项完成对无线路由器的设置，如图 16-7 所示。

图 16-6　设置地址

图 16-7　设置无线路由器

第 7 步　按照实际的网络接入方式设置上网方式，这里以 ADSL 虚拟拨号为例，如图 16-8 所示。

第 8 步　系统检测网络需要 PPPoE 拨号，自动跳转到输入宽带上网账号和上网口令界面，如图 16-9 所示。

第 9 步　设置无线状态、SSID、信道等参数，如图 16-10 所示。

第 10 步　为保障无线安全，需要输入登录密码，如图 16-11 所示。

第 11 步　单击【完成】按钮，完成无线路由器设置。

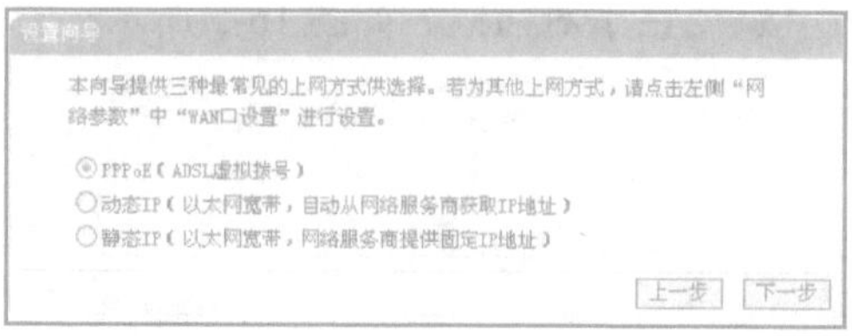

图 16-8　设置上网方式

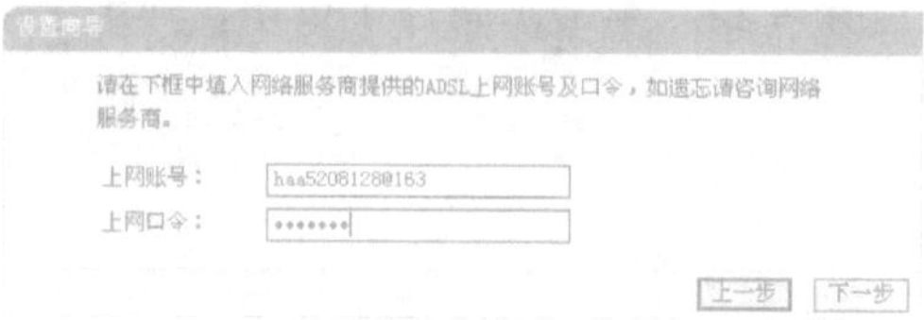

图 16-9　输入上网账号和上网口令

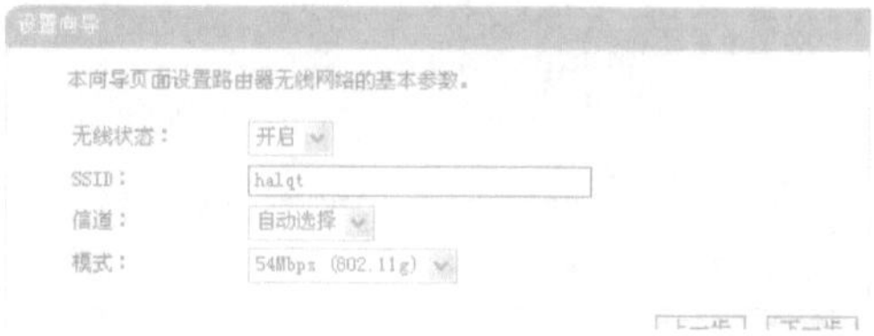

图 16-10　设置参数

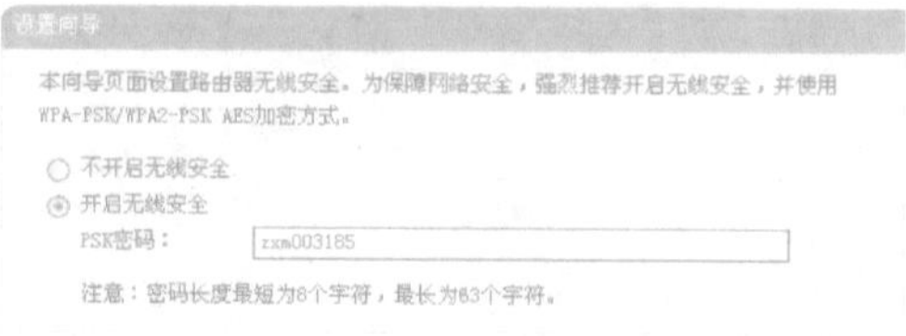

图 16-11　输入登录密码

16.2 ▶ 文件共享

16.2.1　设置文件共享

如果在办公室内部需要共享文件，则可以将文件设置为共享，利用其他计算机可以直接下载该共享文件。具体操作步骤如下。

第1步　选择需要共享的文件所在的文件夹，单击鼠标右键，在弹出的快捷菜单中选择【属性】选项，弹出文件夹【属性】对话框，如图 16-12 所示。

第2步　选择【安全】选项卡，如图 16-13 所示。

图 16-12　【属性】对话框

图 16-13　【安全】选项卡

第3步　单击【编辑】按钮，弹出【权限】对话框，如图 16-14 所示。

第4步　在【组或用户名】选项框中，单击【添加】按钮，弹出【选择用户或组】对话框，如图 16-15 所示。

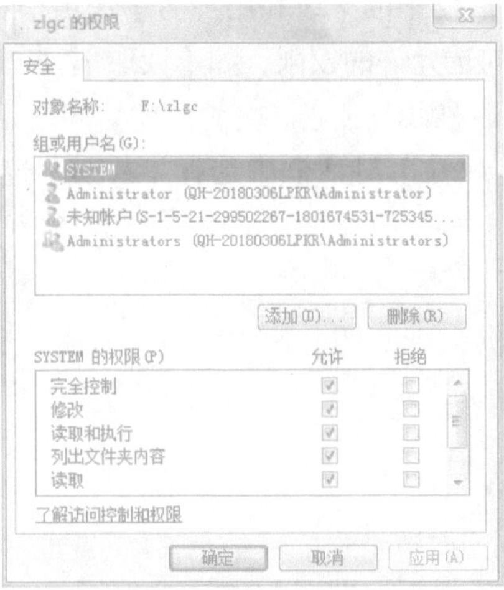

图 16-14 【权限】对话框

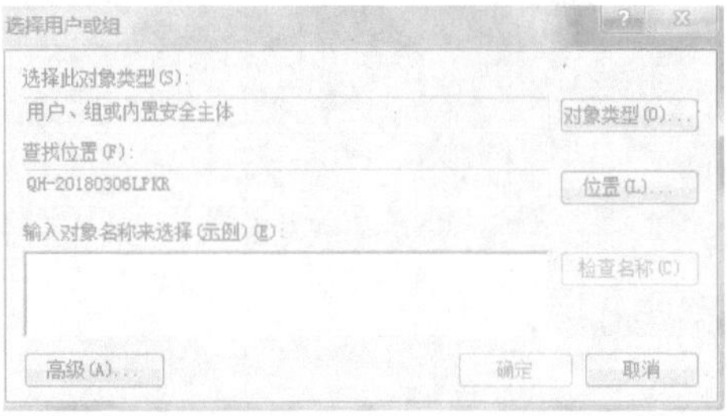

图 16-15 【选择用户或组】对话框

第5步　单击【高级】选项，弹出新的【选择用户或组】对话框，如图 16-16 所示。

第6步　单击【立即查找】按钮，在下方的搜索结果选项框中选择【Everyone】选项，如图 16-17 所示。

图 16-16 【选择用户或组】对话框

图 16-17　选择【Everyone】选项

第7步　单击【确定】按钮，在【选择用户或组】对话框中的【输入对象名称来选择（示例）（E:）】的选项框中出现【Everyone】，如图 16-18 所示。

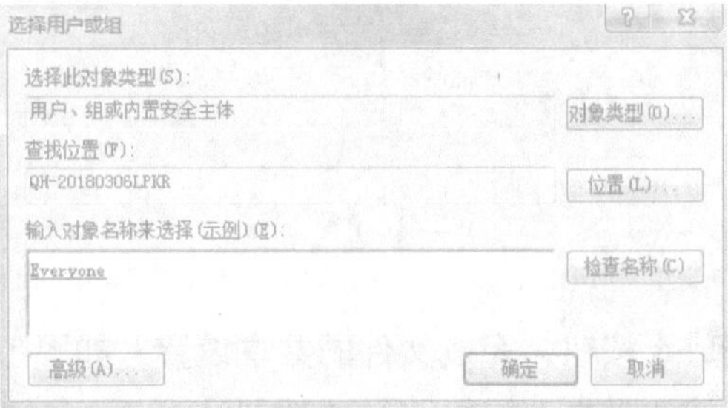

图 16-18 【选择用户或组】对话框

第 8 步　单击【确定】按钮，在【权限】对话框中的【组和用户名】选项框中出现【Everyone】，在【Everyone 的权限】的选项框中勾选允许的权限，如【读取】【修改】【读取和执行】等，一般选择【完全控制】，如图 16-19 所示。

第 9 步　单击【确定】按钮完成设置。在【属性】对话框中选择【共享】选项卡，如图 16-20 所示。

图 16-19　选择权限

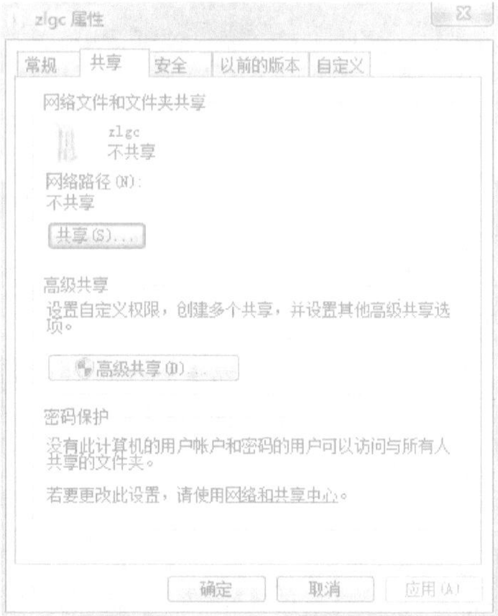

图 16-20　【共享】选项卡

第 10 步　单击【共享】按钮，弹出【文件共享】对话框，如图 16-21 所示。

第 11 步　在【名称】选项框中选择【Everyone】，单击【共享】按钮，弹出【文件共享】对话框，提示【您的文件夹已共享。】，表示文件共享成功，如图 16-22 所示。

图 16-21　【文件共享】对话框

图 16-22　文件共享成功

第 12 步　单击【完成】按钮，完成文件的共享设置，如图 16-23 所示。

第 13 步　记录共享按钮上方的网络路径地址"\\QH-20180306LPKR\zlgc"。

图 16-23 完成文件共享设置

16.2.2 访问共享文件

通过办公室其他计算机可以访问共享后的文件夹中的文件,具体操作步骤如下。

第1步 在计算机桌面双击【计算机】图标,打开【计算机】窗口,如图 16-24 所示。

第2步 在地址栏输入"\\QH-20180306LPKR\zlgc",即可打开已共享的文件夹,如图 16-25 所示。

图 16-24 【计算机】窗口

图 16-25 打开已共享的文件夹

第3步 打开共享的文件夹后,即可查看共享文件夹中的文件,如图 16-26 所示。

图 16-26 查看共享文件夹中的文件

第4步 可以将共享后的文件夹中的文件复制到本地计算机使用。

参考文献

【1】龙马高新教育. Office 2010 办公应用从入门到精通. 北京：北京大学出版社，2017.

【2】谢海燕，吴红梅. Office 2010 办公自动化高级应用实例教程. 北京：中国水利水电出版社，2013.

【3】王林林，徐利谋，雷英. 计算机应用基础案例教程. 北京：北京理工大学出版社，2014.